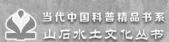

当代中国科普精品书系
山石水土文化丛书

中国科普作家协会　　　总策划
中国科学院院士刘嘉麒　总主编
倪集众　　　　　　　　丛书主编

真与美的结晶

雅俗共赏的赏石文化

雷敬敷◎编著

科学普及出版社
·北 京·

图书在版编目（CIP）数据

真与美的结晶：雅俗共赏的赏石文化／雷敬敷编著．
—北京：科学普及出版社，2019.9
（当代中国科普精品书系．山石水土文化丛书）
ISBN 978-7-110-09618-5

Ⅰ．①真… Ⅱ．①雷… Ⅲ．①石—文化—中国—
通俗读物 Ⅳ．① TS933-49

中国版本图书馆 CIP 数据核字 (2017) 第 172883 号

策划编辑	许　慧
责任编辑	杨　丽
责任校对	杨京华
责任印制	李晓霖
版式设计	中文天地

出　　版	科学普及出版社
发　　行	中国科学技术出版社有限公司发行部
地　　址	北京市海淀区中关村南大街 16 号
邮　　编	100081
发行电话	010-62173865
传　　真	010-62173081
投稿电话	010-62176522
网　　址	http://www.cspbooks.com.cn

开　　本	720mm×1000mm　1/16
字　　数	180 千字
印　　张	11.5
版　　次	2019 年 9 月第 1 版
印　　次	2019 年 9 月第 1 次印刷
印　　刷	北京瑞禾彩色印刷有限公司
书　　号	ISBN 978-7-110-09618-5 / TS·133
定　　价	58.00 元

《当代中国科普精品书系》总编委会成员

（以姓氏拼音为序）

序

刘嘉麒

　　普及教育，普及科学，提高全民的科学素质，是富民强国的百年大计，千年大计。为深入贯彻科学发展观和科学技术普及法，提高全民科学素质，中国科普作家协会决心以繁荣科普创作为己任，发扬茅以升、高士其、董纯才、温济泽、叶至善、张景中等老一辈科普大师的优良传统和创作精神，团结全国科普作家和科普工作者，调动各方面积极性，充分发挥人才与智力资源优势，推荐或聘请一批专业造诣深、写作水平高、热心科普事业的科学家、作家亲自动笔，并采取科学家与作家相结合的途径，努力为全民创作出更多、更好、水平高、无污染的精神食粮。

　　在中国科协领导的指导和支持下，众多作家和科学家经过三年多的精心策划，编创了《当代中国科普精品书系》。这套丛书坚持原创，推陈出新，力求反映当代科学发展的最新气息，传播科学知识，倡导科学道德，提高科学素养，弘扬科学精神，具有明显的时代感和人文色彩。该书系由15套丛书构成，每套丛书含4～10部图书，共约100余部，达2000万字。内容涵盖自然科学和人文科学的方方面面，既包括太空探秘、现代兵器等有关航天、航空、军事方面的高新科技知识，和由航天技术催生出的太空农业、微生物工程发展的白色农业、海洋牧场培育的蓝色农业等描绘农业科技革命和未来农业的蓝图；也有描述山、川、土、石，沙漠、湖泊、湿地、森林和濒危动物的系列读本，让人们从中领略奇妙的大自然和浓郁的山石水土文化，感受山崩地裂、洪水干旱等自然灾害的残酷，增强应对自然灾害的能力，提高对生态文明的认识；还可以读古诗学科学，从诗情画意中体会丰富的科学内涵和博大精深的中华文化，读起来趣味横生；科普童话绘本馆会同孩子们脑中千奇百怪的问号形成一套图文并茂的丛书，为天真聪明的少年一代提供了丰富多彩的科学知识，激励孩子们异想天开的科学幻想，是启蒙科学的生动画卷；创新版的十万个为什么，以崭新的内容和版面揭示出当今科学界涌现的新事物、新问题，给人们以科学的启迪；当你《走进女科学家的世界》，就会发现，这套丛书以浓郁的笔墨热情讴歌了十位女杰在不同的科学园地里辛勤耕耘，开创新天地的感人事迹，为一代知识女性树立了光辉榜样。

科学是奥妙的，科学是美好的，万物皆有道，科学最重要。一个人对社会的贡献大小，很大程度取决于对科学技术掌握运用的程度；一个国家，一个民族的先进与落后，很大程度取决于科学技术的发展程度。科学技术是第一生产力这是颠扑不灭的真理。哪里的科学技术被人们掌握得越广泛越深入，那里的经济、社会就会发展得快，文明程度就高。普及和提高，学习与创新，是相辅相成的，没有广袤肥沃的土壤，没有优良的品种，哪有禾苗茁壮成长？哪能培育出参天大树？科学普及是建设创新型国家的基础，是培育创新型人才的摇篮，待到全民科学普及时，我们就不用再怕别人欺负，不用再愁没有诺贝尔奖获得者。相信《当代中国科普精品书系》像一片沃土，为滋养勤劳智慧的中华民族，培育聪明奋进的青年一代，提供丰富的营养。

前言

一

看到"前言"的题目似乎与读者拿在手上的《山石水土文化丛书》中的任何一册的内容都不搭界。且待我慢慢说来。

什么是"地球科学文化"？

先说地球科学。它是探讨地球的形成、发展和演化规律，及其与宇宙中其他天体关系的科学。它的研究范围上涉宇宙空间，下及地球表面以至地球核部的所有物理的、化学的和生物的运动、性状和过程。在三四百年的发展历史中，地球科学经历了初期的进化论阶段、中期的板块构造论阶段和近期的地球系统科学阶段；这个崭新的地球系统科学的阶段无论从科学发展还是人类社会发展的角度，都要求人们将地球作为宇宙巨系统中的一个子系统来研究，要求从可持续发展的角度对待自然界。它与前面两个阶段最大的区别，就在于要竭力打造新型的地球科学文化观。

"文化"广义而言就是人类社会所创造的物质财富、生活方式和精神理念的总和；生活方式是指人与自然界之间的相互作用过程，精神和理念则包括人的世界观、人生观，以及处理人与人之间、人与社会群体之间、人与自然界之间关系的方式和准则；从狭义来说，文化是人类的意识形态对自然界和社会制度、组织机构、生活态度的反馈，是人的智慧、思想、意识、知识、科学、艺术和观念的结晶。一言以蔽之，"文化"就是以文学、艺术、科学和教育的"文"来"化"人。

由此看来，地球科学知识本身也是一种文化。但是，纯粹的地球科学知识的"结晶体"中如果缺少了文化元素，也就失去了"灵魂"和精神、理念的支柱，危机便由此而生。新的地球科学文化观要求我们建立新的地球观、宇宙观、人生观以及资源不可再生意识、环境保护意识、水资源意识、土地意识、海洋意识、地质灾害意识、地质遗迹保护意识和保存地质标本及图书珍品的意识，因为这些理念和意识的建立与深化直接影响到人生观和世界观。其基本目标是人与自然的协调和人类社会的科学发展之路。

世纪之交所孕育的地球系统科学，使地球科学成为二十一世纪与人类社会发展关系最密切、最重要、最伟大和最具发展空间的一门科学。

自从人类登上地球"主宰者"的宝座以来，思想上形成了一套定式思维：我是地球的主人；征服自然是人类的使命。可是，当历史的时针走到二十世纪后叶的时候，这种思维遇到了不可逾越的障碍——文化；不是说文化阻挡了人类征服地球的企图，而是人类自己的行为造成的种种危机向人类提出了警告：水危机、土地危机、粮食危机、资源危机已经危及人类的生存，这种危机实质上就是文化的危机，是机械的世界观和方法论出了毛病，是定式思维引发人与自然、人与社会、人与人之间矛盾的总爆发。

二十世纪七八十年代，地球科学家首先看到了这一点，社会上有识之士也看到了这一点。

于是，地球系统科学将研究的对象系而统之地扫入了自己的研究领域，产生了意识、思想和理念等文化元素的地球科学文化，将自然科学与人文科学、社会科学联姻，引导地球上所有的"球民"自觉地、文化地对待地球。这种文化是人类认识、理解、开发和利用地球的指导方针，是调整人与自然关系的准则，是人类在社会实践过程中积累的精神成果和物质成果。

这就是地球科学文化产生的社会、历史和文化背景。

二

笔者在数十年的科研、科技管理和科普工作中，深切地感到我们工作的"软肋"不仅在于数量不足和普及面窄，也不完全在于科普投入量少和手段的落后，而是在于质量和内容上明显的"扬自然科学，抑人文科学""重知识传播，轻科学精神和科学方法宣传"的倾向。深感应将科普工作的目标定位在自然科学与人文科学的结合面上，促进人生观、世界观和理念的更新；应同时注重机制创新、内容创新和形式创新并举，明确没有文化意义上的素质是空洞的、不能实践的，因而也是虚假的"素质"。

作为地球科学工作者，义不容辞的职责是在深化科学研究的同时，普及科学知识，宣传科学方法，树立科学理念，弘扬科学精神，走出一条地球科学文化的创新之路。这也就是我们决心撰写一套融地球科学知识于文化之中的科普丛书的初衷。早在二十世纪末，笔者就开始构思这样一套书。虽因种种原因而时常"搁浅"，但编辑一套《地球科学文化丛书》的想法始终"耿耿于怀"：总希望山文化、石文化、水文化和土文化有那么一天化成文字，走进千家万户。2008 年年初，这一夙愿终于见到了"曙光"：这一设想被列入了中国科普作家协会《当代中国科普精品书系》计划之中。真是"十年磨一剑"！在他们热情的支持和指导下，编辑出版工作顺利开展。

现在诸位看到的这套讲述山文化、石文化、水文化、土文化和赏石文化的丛书，仅仅是向读者介绍地球科学文化的一个侧面，远远不是地球科学文化的全部，我们只是想通过自然界最常见、最习以为常的山、石、水、土中的文化元素，来显现地球科学文化的"冰山一角"。

最后还有两点希望：一是我们这个写作团队的成员都是自然科学"出身"，撰写过程中深感从自然科学知识分析其文化内涵颇有难度，常常是心有余而力不足；但这毕竟是我们自己知识层面上一次"转型"的尝试，希望能听到读者和文化界行家的批评指正。二是祈望这一套书能为地球科学文化起到抛砖引玉的作用：企盼有更多的人走进自然，亲近自然，热爱自然，保护自然；我们的科普讲坛上涌现出气文化、茶文化、花文化、树文化、竹文化，以至森林文化、公园文化、旅游文化、生态文化……的丛书。

总之，如若这套书能得到读者的欢迎和厚爱，则心满；如若再能看到一个百花盛开的地球科学文化的书市，则意足矣。

愿地球科学文化走进千家万户。

谨此

草于 2009 年 11 月 28 日

2017 年 6 月 8 日修改

编著者的话

　　文化是人类社会实践中所创造的所有物质财富与精神财富的总和。石文化是文化宝库中以石为主体的精神财富与物质财富的总和；观赏石文化（或简称赏石文化）是其中具观赏价值、收藏价值、科学价值和经济价值的一部分石头所蕴含的文化。

　　1990 年 7 月，当时的地质矿产部和国家旅游局召开的"中国首届观赏石观摩与研讨会"上，与会专家和观赏石爱好者决定采用前一年"京津冀石玩艺术研讨会"上拟定的"观赏石"一词。15 年之后的 2005 年，中国观赏石协会在北京宣告成立。随之，中国观赏石协会将观赏石定义为：在自然界形成的，具有观赏价值、收藏价值、科学价值和经济价值的石质艺术品；并将其划分为造型石、图纹石、矿物晶体石、化石和特种石五大类型。

　　观赏石这一概念明确地指出了它们必须是自然界形成的，限制了人工雕凿的可能；排除了因为不具移动性而不能予以收藏的大型—巨大型石品；扩大了在中国沿用了上千年的"奇石"的概念。观赏石一词不仅涵盖了原来"奇石"的范围，而且注入了新的内容：具观赏价值、科学意义和人文意义的天然石头——矿物、化石和陨石等特种石类。虽然迄今仍有一些人对观赏石一词持不同的意见，但毕竟是大势所趋，观赏石从名词概念到赏石理念被愈来愈多的人所接受。

纵观现代中国赏石文化的发展，现代中国赏石界在如下诸方面发生了深刻的变化：

（1）赏石文化的鉴赏标准由仅适用于以太湖石类为代表的"奇石"的鉴赏标准——"皱、透、漏、瘦、丑"发展为能全面适用于各种石体的鉴赏标准——"形、质、色、纹、韵"。

（2）观赏石重塑了赏石文化的内涵，提升了它的科学含金量和更深刻的文化内涵：观赏者努力学习科学文化知识，以科学的方法和科学思维为指导，探索天然的矿物和岩石的科学内涵，探索深层次的自然美和科学美，从而也提高了参与者自身的科学文化素质。

（3）全国观赏石市场趋向繁荣，在地方经济的发展中发挥了特有的作用：石农在付出采集、运输、清洗等创造价值的劳动之后，使石头有了附加劳动价值，使经济学中的三个必要元素——观赏石、市场主体和交换关系全部到位，成为社会经济发展"链"中不可或缺的一"环"。

（4）中国观赏石协会倡导的"一方石头传承一种文化，一方石头弘扬一种精神，一方石头汇聚一批朋友，一方石头造福一方百姓，一方石头和谐一个家庭"的赏石理念正深入人心，指引着未来的方向，成为赏石界的共同心愿。

我国赏石文化源远流长，萌芽于史前的新石器时期，发端于春秋，盛行于唐宋，繁荣于明清，而创新发展于当代。作为一种文化形态有多少在历史的长河中湮灭了，有多少衰微了，有多少成了仅存的历史活化石而被人为地保护。赏石文化却一直随着如日月经天、江河行地的中国传统文化主流，绵延几千年至今，特别是改革开放的三十多年来更是焕发出了蓬勃的生机。原因何在？就在于赏石文化始终在历史的传承中延续，又不断在时代的创新中发展，这样一种与时俱进的文化形态，必然具有历久弥新的魅力。

因此，本书的编著者认为有必要将这一魅力独具的中国石文化的奇葩——赏石文化的精要介绍给感兴趣的读者朋友，与诸位共享赏石之乐。

一

赏石文化是一种审美文化，但它又不同于美术、戏剧、舞蹈诸类的审美文化，原因就在于观赏石的美是一种综合之美，既不同于原生态的自然风貌那样一种单一的自然美，又不同于人为创造的艺术品那样单一的艺术美，而是融自然美、艺术美、科学美为一体的观赏石所独有的综合之美。

观赏石的自然美是它本质的美，是自然之子的人回归"天造奇石"的自然情结；观赏石的艺术美是人为于它的创造之美，是"人赋妙意"的审美创造；观赏石的科学美则是人类探索求真的本能于审美中追求的一种理性之美。

由是，对观赏石自然美的发现、对艺术美的创造和对科学美的探索，就成了本书"真"与"美"的主线。

二

赏石文化是一种和谐包容的文化。就赏石文化的主体——观赏石爱好者而言，从下里巴人到文人雅士，从石农石工到石商藏家，从庶民百姓到官员学者，几乎涵盖了社会各个阶层的人士。就赏石文化的物质载体——观赏石而言，传统的名石风韵犹存，而遍及全国山体、河流以至大漠深处的新锐石种层出不穷，让人目不暇接，过去国人涉及甚少的矿物晶体、古生物化石和"天外来客"——陨石近年来也渐成新宠。

于是乎，每一个爱石者都能找到自己心仪的石头，每一位赏石者都能在赏析中表达自己不一样的感受，这种各取所需、各有所悟和各有所爱构筑了人与自然的和谐，人自身心灵的和谐，以及人与人和谐的精神家园。

有鉴于此，本书在内容上力求做到雅俗共赏。对于一些学术性较强的部分我们以"相关链接"标示，供读者选读。

三

　　本书共十章，前五章相当于"总论"，以理论来指导实践，后五章相当于"各论"，以实践来加深理论，力求理论与实践更好的结合。

　　本书参考了相关著述，特别是实例中的插图多为引用。凡能注明者均一一注明，以示尊重收藏者和赏析者的劳动。不过有必要说明的是，本书中的基本观念，尤其是关于美学的部分多为原创。正如观赏石文化本身在传承中创新发展那样，本书的基本观念也当受到实践与时间的检验。祈望读者在阅读中思考和体验，不吝赐教，共同探索，期望中国传统石文化和赏石文化发扬光大。

2010 年 3 月 8 日
于重庆两江交汇处

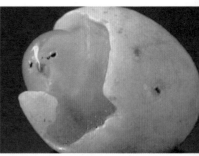

目 录

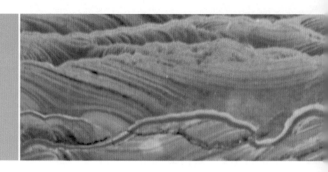

真与美的结晶

雅俗共赏的赏石文化

在现代快节奏的生活"间隙"——节假日期间，人们喜欢出游于山水之间，游览于园林和度假村之中，或者走进大自然这个巨大的"博物馆"，徜徉于大自然，探索大自然的秘密。在大自然之中，忘了疲累，丢掉了烦恼，真正达到了"此中有真意，欲辨已忘言"的境界；岂止"忘言"，甚至"忘我"，身心感受到一种极大的愉悦。

"忘我"者融入了自然，思绪游荡于山水之间：看那山，像大海的波涛起伏，或似冲天的"火箭"，或像盘中的"馒头"……千奇百怪；看那石，有棱有角的，滚磨光滑的，像人似物的，有图有画的……五花八门；看那色，红色的，灰色的，五彩斑斓的，素雅清淡的……五颜六色！不由得捡起几块，看一看，愈看愈喜欢，想一想，竟然愈想愈"糊涂"：不由得脑子里跳出几个"为什么"。

在这本书中，我们将要与读者一起看看那些大自然所造化的、被称为"观赏石"的石头中，究竟含有多少"美"，与大家一起讨论一下这些"美"的含义，探讨它们的"真"的由来。

美哉！蕴含着真与美的观赏石

　　观赏石是能给人以观赏并产生审美愉悦的石头。狭义的观赏石是可以人为移动、收藏并保持自然状态的具有观赏价值、科学价值和经济价值的石头；广义的观赏石还包括印章石、砚石、石制雕刻品和山体石，以及它们的原岩。如云南石林的"阿诗玛"，福建东山岛的风动石，广西桂林的象鼻山，安徽黄山的飞来石，以及北京和南方园林中的园林石和假山等。本书要讨论的观赏石是指狭义的观赏石。

观赏石的可观赏性，使它具有很多别称：雅石、奇石、石玩、供石、趣石、怪石、珍石……在国外，韩国人称之为寿石，日本人称之为水石。人们讨论了许久，最后认为"观赏石"一词最科学，最能体现现代——至少是相当一个时期内人们对它的认识水平和科学的概括。

观赏石的科学属性

"属性"是指事物所具有的性质和特点，比如物质的属性是运动。科学属性则是指事物在科学上的性质。"观赏石"的科学属性实际上已经隐藏在它的名字之中："石"就是石头，学科专业术语就是矿物和岩石，它们都属于自然科学研究的范畴；"观赏"则属于人文科学的审美范畴。试比较一下上面提到的"雅石""奇石""石玩""供石""趣石""怪石"……恐怕都没有"观赏石"这样准确而又赋有自然的和美学的内涵。

观赏石的自然创化

观赏石自然创化的自然科学属性全在于一个"石"字。这个"石"是石头，即矿物和岩石。它们是地球演化过程中的产物，是组成地球的物质基础，在地球形成之后，它们既是内动力地质作用和外动力地质作用共同作用的产物，又是在这两种地质作用下继续发生变化的结果。最后就是被我们"收入囊中"的观赏石。因此，观赏石只是地球外壳岩石中的极少、极其罕见的一部分石头。

几架上陈设的观赏石

地球是太阳系八大行星中唯一有生命活动的星体。关于地球的形成有许多学说，现在普遍认为，地球是45亿~46亿年前由星云物质积聚而形成。

星云冷却时，各种元素与化合物由气体状态凝聚成固体的尘埃；固态尘埃先积聚形成大大小小的星云团，然后由星云团聚积成地球。在这个过程中，由于星云物质的碰撞和冲击，放射性物质的蜕变生热，以及原始地球的重力收缩，使初创时期的地球温度达到2000开

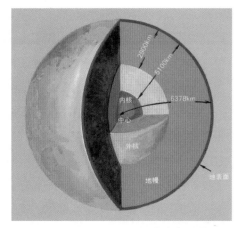

地球内部结构图示

尔文左右。由于这个温度超过了铁的熔点，铁为主的元素由于重力分异作用而向地心聚集，形成了地球的"核"。地核在重力收缩下释放出大量的能量，导致地球内部的局部熔化。物质的对流伴随着大规模的化学分异，物质的密度随深度而增加，最后形成了现在地球状如鸡蛋的"蛋壳""蛋清"和"蛋黄"的结构：分别称为地壳、地幔和地核。地壳就是由相对比较轻的硅酸盐物质组成的一层硬"壳"。

岩石是在地球的演化过程中产生的，并在地球形成之后仍处于不断的运动和变化之中。发生于地球内部的地质作用称为内动力地质作用；发生于地球表层的地质作用称为外动力地质作用。

内动力地质作用主要表现为构造运动、岩浆作用和变质作用。对于观赏石而言，内动力地质作用既是观赏石母体——原岩的直接"制造者"，又为一部分石头成为观赏石的形、质、色、纹埋下了"伏笔"。

外动力地质作用是在太阳能、重力和日月引力的作用下，发生在地球

相关链接

温标是关于温度零点和分度方法的规定。有摄氏温标、华氏温标、热力学温标之分。我国最常用的是摄氏温标。热力学温标的单位是开尔文（K），它的零点叫绝对零度，就是−273.15℃。热力学温标属于国际单位制（SI）。

表面以大气、水和生物为介质的地质作用过程，包括风化作用、剥蚀作用、搬运作用、沉积作用和成岩作用。

在内动力地质作用与外动力地质作用的共同作用下，地表的岩石不但被"雕刻"成了各种地形、地貌，也造就了被人们采集、赏析的各种类观赏石。

由此可见，观赏石的形成与地球的形成、运动，以及地壳的运动密切相关。如果用科学的方法去探究观赏石在自然创化过程中的物质组成、形成机理、分布规律的话，显然赋予了观赏石自然科学的属性。这就是观赏石地学所要研究的内容。相对于研究地球宏观地质现象的普通地球科学而言，观赏石地学是一种微观地学。

6 观赏石的自然人化

观赏石虽然具有自然科学的属性，但对观赏者来说，其最终目的是审美，而不是以其作为地学成因研究的对象。如果是那样，观赏石就只是"岩石标本"了。

观赏石的人文科学属性体现在"观赏"二字。顾名思义，观赏石是供"观"、供"赏"用的石头。这有两个方面的含义，一是指这方石头本身具可观赏性，二是人们能够对这石头进行"观"与"赏"。可观赏性与"观"和"赏"都是人对石的一种主观意识。正是这种意识的作用，使自然之石成了"为我之石"，这是人对石的一种自然人化。

自然人化是德国哲学家黑格尔最早提出且为马克思改造过的哲学概念。黑格尔讲的"自然人化"是自然的精神化；马克思说的"自然人化"则立足于实践，指人通过生产劳动，使自然与人的那种陌生关系不仅在精神上，更重要的是在物质上发生了根本性的变化。

所以，自然的人化有两种情形：第一种是自然物作为人改造自然的实践对象，例如对一块石材的雕刻；第二种是自然物只是作为人的科学认识对象和艺术表现的对象，例如对一块石头的科学探究和审美。

对观赏石的审美过程就是"观"与"赏"。"观"是观察石头的外部形态、色泽、质地、纹理，甚而触摸其质感，敲击并闻其声，感受其形式上的美感。"赏"则是由石的外部形态入手，将人的情感对象化于石；石头成了人的情感的化身，通过联想与想象，思维和理性的审美判断，达到了人

山体与岩石

的"意"与石的外在形式的"境"的合一，从而获得较形式美更高层次的意境美的愉悦。

不论是对石由人及石的形式美的感知，还是人石合一的对石的意境美的感悟，都是人对石头的一种精神上的自然人化过程。在这个过程中，人本身的社会实践性所蕴含的人文素养、道德情操、审美经验，以及所在族群与地域的集体无意识，都会影响审美感受。这便是观赏石在自然人化中

相关链接

集体无意识或称种族无意识的一种，普遍存在于人类的意识中，其根源是大脑的遗传结构；与出现在个体经验中的个人无意识截然不同。荣格认为集体无意识包含原型，即普遍的原初意象和观念。无意识是包含个体觉察不到的记忆和冲动的一种心理活动。

荣格（1875—1961），瑞士心理学家，分析心理学创始人。他最早提出"情意综"的概念，并把人的基本心理态度分为内倾和外倾两种；主张把心灵分为主意识（心理）、个人无意识和客观无意识（集体无意识）三层。

的人文科学属性。

观赏石美学，也可称之为观赏石审美学；它是研究观赏者与观赏石之间的审美关系的一门学问。观赏石美学遵循实践的原则，以广大观赏石爱好者（石友）的审美实践作为理论构建的基础与指向。观赏石美学遵循辩证的原则，探究审美主体与客体之间的辩证关系，探究审美主体感觉、知觉、思维之间的辩证关系，探究审美客体的自然美、艺术美、人文美、科学美之间的辩证关系。观赏石美学遵循历史与发展的原则，在继承我国传统美学思想和借鉴现代美学理论中发展与创新。

在本书中，我们将从美学角度解读观赏石在自然人化中的人文科学属性。

观赏石自然创化的自然科学属性的观赏石地学和观赏石在自然人化中的人文科学属性中的观赏石美学，正是本书的两大内容。在叙述时，我们力图将二者结合在一起，于自然创化之中看自然人化，于自然人化之中谈自然创化。

观赏石的分类

凡对一类事物分类，就表明对这类事物的认识已经达到了一定的系统化的程度。分类是在对这类事物定义的基础上进行的。由于事物具有同一性、差异性和层次性的特点，对观赏石的分类可以通过由个别到一般的综合法，异中求同；也可以由一般到个别的分解法，同中求异。又由于事物本身所具的复杂性，所以从不同的角度去观察和探究，会有不同的分类标准和分类体系。

下面分别从观赏石的鉴评标准、地学成因、体量和陈设环境等四个方面进行分类，以加深对观赏石的认识。

按鉴评标准分类

2005 年成立的中国观赏石协会于 2007 年 9 月 20 日开始实施《中华人民共和国地质矿产行业标准》（DZ/T0224-2007）。该标准根据观赏石产出的地质背景／形态特征，以及赏石者的人文意识和审美取向，将观赏石分为造型石类、图纹石类、矿物类、化石类和特种石类等五大类。经过八年实施之后，于2015年5月15日发布，2015年7月1日起开始实施《中华人民共和国国家标准　观赏石鉴评》（GB/T313090-2015）。以下简称为"国标"。

"国标"对观赏石的分类有三处较大的变动：①考虑到造型石、图纹石和色质石均为岩石类，遂将它们合并为"岩石类观赏石"，其下分为相应的三个"亚类"；②考虑到陨石的特殊产状和性质，将其单独分为一个大类；③取消"特种石类"之命名，改称为"其他类观赏石"。

本文重点介绍自然界几种主要的观赏石类型。

（1）造型石类：以各种奇特造型为主要特征，具有立体形态美，大多是在各种外力地质作用下形成的。由于产出地质背景的不同，造型石往往表现出鲜明的地域特色。

（2）图纹石类：以具清晰、美丽的各种纹理、层次、斑块等为主要特征。常在石面上构成艺术图案或"文字"。它的形成主要与岩石本身的特性有关。

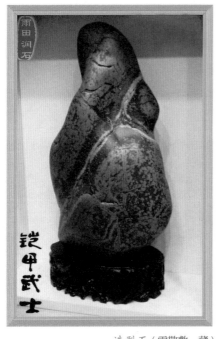

造型石（雷敬敷　藏）

图纹石"进香"（雷敬敷　藏）

矿物晶体石

（3）矿物类：系由地质作用所形成的固态单质或化合物，具有相对确定的化学组成和内部结构，是组成岩石的基本单元。以晶形完整、优美、颜色鲜艳的矿物晶体为主，也包括一些非晶质矿物。它以自发长成的几何多面体外形、丰富的色彩和各异的光泽为特征。

（4）化石类：指地质历史时期形成并保存于地层中的古生物遗体、遗迹和遗物等。按其保存类型有实体化石、遗迹化石、模铸化石、印痕化石。以其特有的古生物形态、纹饰和古生态以及珍稀性和观赏性为人们收藏和观赏。

（5）其他类：指与人文或历史有关的石体，具有特殊纪念意义的石体，地质成因极为特殊的石体，以及前四类涵盖不了的其他具有收藏和观赏价值的石体。

从上述的分类说明中，可以得出以下认识：

第一，"国标"将观赏石分为五种基本类型。

第二，观赏石具有诸多特性：天然性、可移性、观赏性、地区性、珍稀性、收藏性、人文性和科学性。其中天然性、可移性是观赏石基本属性。正是这种不予加工或少予加工（如大理石切片）的天然性，使观赏石有别于印章石、砚石和石雕艺术品；而可移性和收藏性使观赏石与山体石相区

月球石

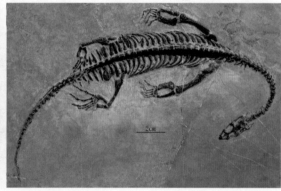

古生物化石

岩石的岩性是成分、结晶程度、结构、构造、裂缝和裂隙的综合反映；它们既与岩石的成因有关，又受到成岩后的构造作用、风化作用类型、强度和时间的制约。所有这些因素决定了观赏石的质地。

分。至于地区性、珍稀性、收藏性、人文性、科学性则是观赏石基本属性之下的派生属性。

按地学成因分类

观赏石之"石"，为"岩"离开"山"之意，即观赏石须离开"山"体原岩，在风化等外力地质作用下才能成为不假人工的原生态的观赏石。据此，可按原岩的本性特征和由"岩"成"石"的作用这两个方面来对观赏石分类。

原岩的岩性揭示了观赏石原岩的形成机制，后期造成的裂纹、裂隙决定了观赏石的外形和纹理的基本状况，而地壳运动在岩石中形成的小型和微小的断裂、错动和节理对观赏石的形成，包括纹理的改变、可能的破碎

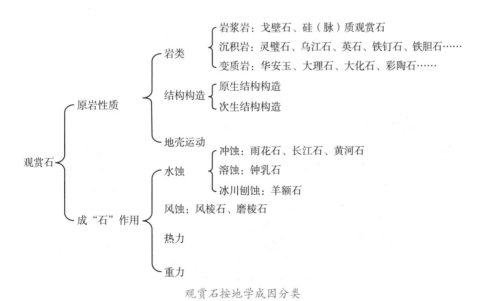

观赏石按地学成因分类

美哉！蕴含着真与美的观赏石

面，为热液和矿液对矿物晶体的形成提供了小环境；所有这些形成观赏石的基础中，地壳运动既是形成观赏石物质基础——岩石的主导因素，又是使岩石处于内动力地质作用或外动力地质作用的大环境的主导因素。

成"石"作用的诸多因素通常是综合的，如武陵石在形成过程中，原岩受到构造剪切力和静压力的作用，形成了多组裂隙；随后差异风化又起到了"挖洞"的促进作用。

按体量及陈设环境分类

（1）微型石：石径 <5 厘米，可做挂件或佩件赏玩。

（2）手玩石：石径 5~7 厘米，可手中把玩，又称之为抚养石。

（3）书案石：石径 5~20 厘米，配座后置于桌案。

（4）几架石：石径 10~60 厘米，配座后置于几架上陈设。

（5）厅堂石：石径 40~120 厘米，配座后置于厅堂。

（6）景观石：石径 >60 厘米，又称之为园林石，置于楼盘、园林、广场、社区等景观环境中。

按赏析时的介质分类

（1）浸水石：浸泡于清水中赏析，能更好显现观赏石的色彩与纹理之美，同时还能消除石面裂隙等不利影响。如雨花石和其他小型彩石，不用配座，只用水盅陈设即可。

手玩石

水石：水盆中的雨花石

喷水前（左）后（右）的水旱石

（2）旱石：置于空气之中赏析，为增强其色、质、纹的表现，常在石的表面涂以油类物质。

（3）水旱石：平时置于空气之中，不上油，观赏时喷水以显示干湿情况下的色泽与纹理变化。

观赏的多视角分类为观赏的全方位解读提供了帮助。如灵璧石，从鉴评标准分类看，是三维赏析的造型石类；从地学成因看属沉积岩中的石灰岩，成"石"是由于地表水的冲蚀和地下水的潜蚀共同作用的结果；从体量看，从手玩石到景观石均有；从赏析时的介质看，置于空气之中，为旱石。

观赏石审美的传承与创新

观赏石的审美作为一种文化现象，有一个萌芽、发展的过程。当代的观赏石审美是传承与创新相互作用的结果。

传统的中国观赏石审美

考古学证实，当中华大地的古居住民从旧石器时代进入到新石器时代时，石文化就有了两个分支：一支是作为礼器的玉石文化，另一支是作为观赏原生态石头的观赏石文化。可以佐证的是，1955—1958年南京博物馆对南京鼓楼冈北阴阳营新石器遗址的考古发掘中，出土了距今6000多年的76粒未经任何加工的天然砾石。在发掘报告上有这样的说明："质地多为玉髓。出土物中不乏色彩斑斓、花纹绚丽者，显示当时人们有意识地采集而来，其用途可供玩赏。"

观赏石文化虽然萌芽于新石器时代，但形成较为系统的观赏石审美思想，却是战国和秦汉之后的封建社会了。

传统的中国观赏石审美受传统的中国美学思想的影响。从总体看，我国的传统美学思想的源流来自儒、道、佛诸教美学思想的兴起与融合。

自春秋战国以后，古代先哲们的美学思想逐渐分为两大派别。一是以孔子、孟子为代表的儒家美学；二是以老子、庄子为代表的道家美学。东汉时期，佛教传入中国，与中国文化交融，逐渐演变为人们所接受的中国佛教。佛教的审美观点成为中国传统美学思想的重要组成部分。

儒家美学经历了一个漫长的发展历程，但都把一种高度完善的道德境界视为"美"。"天下归仁"是孔子的最高理想。对于自然之美的鉴赏，孔子以君子的道德品质来比喻，"夫玉者，君子比德也"，"智者乐水，仁者乐山。智者动，仁者静。智者乐，仁者寿"。儒家主张"天人合一"。孔子说："天何言哉？四时行焉，百物生焉。"子思和孟子强调"天道"与"人道"的融合或"自然"与"人为"的合一。儒家美学提倡适中、和谐、秩序、节制、平衡、安定的"中和之美"；主张美在于"天地之和"的自然和谐，也在于个体与社会的和谐统一之中。

道家美学致力于从"道"的自然无为来思考美，把"摆脱任何人为的束缚走向自然"视为最"美"的境界。老子说："人法地，地法天，天法道，道法自然。"庄子说："天地有大美而不言，四时有明法而不议，万物有成理而不

孔子像

　　"莞而不言，一洗人间肉飞丝雨境界"一句中的"肉"指歌声。张岱《陶庵梦忆·西湖七月半》："名妓闲僧，浅斟低唱，弱管轻丝，肉竹相发。"其中丝为弦乐、竹为管乐；《晋书·孟嘉传》："丝不如竹，竹不如肉。""莞尔不言，一洗人间肉飞丝雨境界"可译为"微笑不语，胜过人间唱歌与弦乐之声的境界"。

　　说。圣人者，原天地之美，而达万物之理，是故至人无为。"在老庄看来，美存在于天地之中，天地万物的自然本性才是最高最纯的美。强调自然天成，无欲无为是天下之大美；凡人工雕琢而成者，俱已失去自然之美了。在审美方式上，老庄主张"涤除玄鉴"，要排除主观欲念，保持内心的"虚静"，才能达到"精神四达并流，无所不极，上际于天，下蟠于地，化育万物，不可为项"的境界。在有限的时空中去体会"弦外之音""象外之象"的"无分之意"。道家美学倡导，人若能不为利害得失而奔波劳累，像"天地"那样自在，那样无为，就能体会到"道"的自然本性，就能获得最高的自由，也就能获得最高的美。这是一种飘逸出世、自然逍遥的精神自由。

　　禅宗是一种人生态度的哲学，禅宗美学是一种生命美学、体验美学。禅宗认为，"禅"既是人的自性，也是宇宙万物的法性，这种人的自性与宇宙法性的圆融一体的境界——禅意，乃是一种随缘自适、怡然自得的人生最高境界，也是一种审美的境界。

　　苏轼是一位文学大师，也是一位禅宗大师，他认为人生不过"泥上偶然留指爪，鸿飞那复计东西"。当我们面对亿万年才形成的观赏之石和短暂无常的人生时，若能将顺其自然的石与自身的心相融合，感悟到人生在于体验，"须臾"便成"永恒"时，就该是一种禅意的审美境界了。

　　儒家美学、道家美学深刻地影响着我国传统的观赏石审美思想。宋代杜绾的《云林石谱》一书由孔传所作的序中说："天地至精之气，结而为石……虽一拳之多，而能蕴千岩之秀……圣人尝曰：仁者乐山。好石乃乐山之意。"可见，是把观赏石看成自然界山体的缩微，以"仁者"之心来赏析的。这与儒家美学中的"善即是美"和"尽善尽美"相契合。

　　明代林有麟的《素园石谱》收载了大量的名石和名人题咏。作者在凡例中说："石有形有神，今所图止形耳。至其神妙处，大有飞舞变幻之态，令人神游其间，是在玄赏者自得之。"这其实道出了在赏石的审美过程中物我相忘相融的一种高级的美感形态。至于作者在自序中所表露的"莞尔不言，一洗人间肉飞丝语境界"，则完全是一种赏石悟禅的感受了。

总体而言，我国传统的观赏石审美是文人赏石，赏自然山水缩微之石，将对自然山水的审美情怀寄托于观赏石之中。苏东坡曾见一异石，九峰玲珑宛转，就取名为"壶中九华"。其后，潘象安题诗云："片石苍山色，复如山势奇。虽然在屋里，自有白云知。"苏东坡的题名与潘象安的题诗，都是以小见大之意。在审美趣味上，追求的是"叠嶂层峦，穿云参斗"的山势奇特。所以林有麟在《素园石谱》凡例中说："石之妙全在玲珑透漏。设块然无奇，虽古弗录。"对今天我们所欣赏的大化石、长江卵石等是不屑一顾的。米芾的"瘦、皱、漏、透"正是针对这类山型石而言的。在审美感受上，以神游其际，追求石之神妙。林有麟曰"石尤近于禅"，就是那种"此中有真意，欲辨已忘言"，只可意会，不可言传的玄妙的审美境界。

观赏石审美的当代创新

这里所说的"当代"，是指改革开放以来所经历的年代。改革开放是我国观赏石事业得以复苏、壮大和发展的历史原因。随着改革开放，我国观赏石的审美主体、审美客体、审美意识较之于过去都发生了深刻的，甚至

《云林石谱》　　　　　　　　　　　　　　《素园石谱》

是根本性的变化。

作为审美主体的石友的组成，已由过去传统的士大夫阶层的文化人，扩展到今天的工人、农民、企业家、公务员、教师和科技工作者等各行各业的人士和普通百姓。如果说传统的赏石文化是一种"精英文化"，那么现在的赏石文化是一种精英文化与大众文化相结合的文化形态。精英文化是由少数文化人所创造，蕴含其个性化趣味的审美文化，它的基本特点是理性沉思，其价值取向是超越"小我"。大众文化则是以大众传播媒介传播，按市场规律运作的日常文化形态。君不见，现时全国性的各种观赏石展销会，既有按市场运作购物交易面向市民的大众文化形态，又有以文化人为主体的高峰论坛的精英文化形态；现在，只要你打开电脑进入网络，既有网购的石头交易，又有博主们神采飞扬的博文，谈收藏，议赏析，叙心得，抒己见，网络上已不分身份，不分你我，纯粹是精英的大众化与大众的精英化的绝妙融合。

从审美客体看，广大观赏石爱好者——"石友"不仅对于传统的太湖石、英石、灵璧石、雨花石等兴趣依然，而新增的遍及全国各地的山脉、河流及荒漠深处的观赏石种类更让人目不暇接。从东北的松花石、长白石、伊春石，到东南沿海的九龙璧、栖霞石、瓯江石；从西北的额河石、戈壁石、黄河石，到西南的长江石、黄龙玉、乌江石；从华北的巴林石、千层石、金海石，到华中的神农石、菊花石、赣江石，再到华南的大化石、摩尔石、乳源彩石、彩蜡石等，不胜枚举。若细分，当以千计。而且，数量还在不断增加。由于与国外赏石界的交流，过去国人涉足甚少的矿物晶体石、古生物化石和特种石等，渐成新宠。其种类之多，远非《云林石谱》《素园石谱》当日之语了。

赏石理念、审美意识的变化尤为突出。表现在传承中的创新和借鉴中的创新：

第一，在"天人合一"和"中和之美"的传统审美思想的继承中，发展了和谐赏石的理念。提倡在观赏石审美中，人与自然、人与社会及人内心的和谐。将赏石审美与构建和谐社会的美好愿望相统一。

第二，在"尽善尽美"和"君子比德于玉"的传统审美思想的继承中，提倡"和而不同""有偏爱，不要有偏见"的赏石观。在这一观念的指导下，出台了观赏石鉴评的国家标准，使鉴评向"客观、公开、公平、公正"

迈出了一大步。

第三，在"道法自然"和"天地有大美"的传统审美思想的继承中，强调观赏石的自然之美的审美属性，提出了观赏石的原生态的理念。一些历来作为雕件的玉石、印章石和砚石也以原生态的观赏石形态出现，进入观赏石的视域，不仅扩大了观赏石的范围，也找到了观赏石与传统石文化中彩玉石的连接点。从而使对观赏石自然美的审视走出"瘦、皱、漏、透"的束缚，构建成视域更加开阔的"形、质、色、纹、韵"的普适性鉴赏标准。

第四，由于审美情趣、审美客体的多元化，在继承传统的文化赏石的基础上，形成了一股艺术赏石之风，即不再拘泥于传统赏石的"壶中九华"那种对自然山水缩微的欣赏，而是将观赏石作为绘画、雕塑的一种天然艺术品来解读和赏析，并将其与具体物体、物象的相似程度区分为具象、意象和抽象。

第五，由于有了对国外矿物晶体、生物化石审美的借鉴，以及审美主体中地学科技人员的参与，形成了对观赏石科学美的认识，这是一种将"真"与"美"相结合的新的审美理念。

第六，在审美感受上，在继承"物境、情境、意境"的传统审美范畴的基础上，汲取现代审美心理学的成果，提出了观赏石审美的三个阶段：审美的初级阶段——感觉的产生：形、质、色、纹；审美的中级阶段——知觉的产生：图像与塑像；审美的高级阶段——思维的产生：意境、命题与点评。

观赏石审美的创新，正随着时代的脚步，与时俱进。传统的审美观、现代美学思想、当代审美实践、国外赏石借鉴之间的关系如图所示：

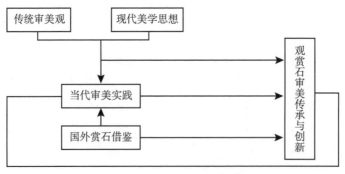

当代审美实践与国外赏石借鉴的关系

乐享！尽情享受观赏石的美感

　　当我们面对一枚形端、质细、色艳、纹变的观赏石时，常常禁不住赞叹："真好看！"这"好看"便是美感。美感是审美主体"人"在审美时对审美对象"石"所产生的一种美的感受。这就引出了两个话题，一个是这种美的感受与其他感受有何不同之处？另一个是美感是如何形成的？它有规律可循吗？

美感的一般特征

社会实践是美感形成的基础

动物有感觉和本能的驱动，但没有美感；人的美感的产生与发展都源于社会实践活动，但是人类并不是刚一脱离动物界就有了美感的。"人猿揖别"在于人类学会了制作和使用石制工具。在这个从猿到人的进化进程中，人的美感经历了由动物猿的感觉→人的感觉→人类的美感这样一个漫长的发展过程。考古研究表明，人类的美感大约发生于旧石器时代的晚期，距今4万至1.2万年。在此以前考古学家没有发现过以审美为主要目的的艺术品。在人的社会实践自由性不断提高的过程中，人类才逐渐认识了自我，有了自主的意识，也才有了情感的对象——审美活动，从而有了美感。

从发生学的角度看，既然美感是人的社会实践的产物，那么随着人的社会实践的发展过程，人的美感（审美意识和审美情趣）也会留下时代的烙印。事实也正是这样，如对女性形象的审美，我国唐代以"浓丽丰肥"为美，宋代则追求"清瘦"和"娇小"。在人类的目光关注到太空的今天，赏石审美时不仅能在石头上发现"龙""凤""天使"之类的图像，而且也会比附出"机器人""太空船"，以及"外星人""魔兽争霸"之类的图像。

美感是超越功利性的精神愉悦

美感是一种精神上的愉悦感，这是在审美实践中一再被证实了的。人生的追求，不外以认知为目的的"真"、以道德为目的的"善"和以审美为目的的"美"。科学研究中对真知的获得，道德追求中对善行的实践，都会给人以精神上的愉悦。但是，这种愉悦总是与利害相关联的：获利——就愉悦，受害——就不舒服。美感这种精神上的愉悦却是超越了功利性的，更不是生理上的需求得到满足时的那种纯粹生理上的快感。

下面的例子可以说明"真、善、美"是有区别的。假如你路过别人的一片苹果园，看到成熟的苹果挂满枝头，这时有想摘下来尝尝的感性的冲动，但理智制止了你，因为没有得到别人的允许。当你准备离开时，突然感受到挂在树枝上的橙红色苹果在暗绿色的枝叶扶疏之中显得特别好看。整个过程中，你判断的"成熟的苹果"就是"真"，理性意志让你放弃了摘下来尝尝的冲动就是"善"，而觉得挂满枝头的苹果特别好看便是"美"。这种"美"的精神上的愉悦感与吃或不吃的功利无关。用德国古典哲学家康德的话来说，美感是"唯一无利害关系的自由的快感"。

人的实践性决定了人必须求"真"，才能在对客观规律的认识和运用中获得自由；人的社会性决定了人必须求"善"，个人只有在认同社会整体利益的前提下才能获得个人在社会里的自由。审美的"美"是人在社会实践基础上所获得的不受任何约束精神上的最高自由。

美感是对"功利"的超越，并不是说美感就不与"功利"发生关系。现代工业设计力求将产品做得既美观又实用，虽然当我们在审美时确实是超越了它的实用性的。在购买以审美为目的的艺术品时，审美的超越与价值的考量是交替进行的。

美感具有主观普遍性的诉求

美感的"主观普遍性"是康德提出来的。他说："一个称某一事物为美的判断，本质地包含着这种普遍性的要求。"换句话说，当你在赏析一枚观赏石并认为它"美"的时候，你已经预设了一个前提，就是这"美"是得到普遍认同的。决定了你必须将这枚石头的美的感觉传达给更多的人，向石友展示，或者参加展会的鉴评，以获得其他人的赞同和确证。

美感是个人的审美感受，是主观的，而又潜藏着普遍性的认同要求，如何解决这个矛盾呢？康德提出"共通感"的概念。他说："在鉴赏判断里假设的普遍赞同的必然性是一种主观的必然性，他在共通感的前提下作为客观的东西被表象着。"

康德所说的"共通感"，用人的社会实践性可以得到很好的说明。社会存在决定了人的社会意识，虽然美感是审美主体当下的个体体验，但由于人的社会性，这种个体美感的普遍性要求也会因为人的社会实践的集体性体验和审美个体的美感传达使"心同此感"和"感同身受"得到认同。这就是美感的主观性与普遍性诉求在社会实践中的统一性。有了这样的统一性，才会使对观赏石美的判断的认同成为可能，这是开展观赏石集体品评和鉴评活动的理论基础。

当然，也有极端的情形，那就是大家都说"好"，而我却认为"不好"，或者绝大多数人认为"不好"，我却觉得"好"。这种情况可以理解为一种极端的个体差异性，在实际的鉴评时，可采取"去掉一个最高分，去掉一个最低分"的方式予以排除。

同样的道理，由于社会实践中集体体验的不同所造成的不同地域的人文积淀的差异性，会出现审美意识的地域差异，这也是一种正常现象。例如东西方对观赏石审美理念的差异，就与双方自然的、种族的、历史的、文化的，以至经济地位和生活质量的差异有关。

美感具有鲜明的形象性

美感离不开感性形象，如果我们不以视觉、触觉，有时还有听觉，与作为审美客体的观赏石的形态、色泽、质地、纹理，以至敲击时所发出的声音直接接触的话，就引发不出对这枚观赏石美的感受。在审美过程中，离不开审美客体鲜活的形象。就美感而言，总是与审美客体的具体的个别的形象相依存，没有抽象的美；因为抽象的美不会给人以任何美的具体感受。

美感中也有认识，但不是通过抽象的逻辑思维得到的理性认识。美感主要以形象思维的方式，借助于联想和想象；在情感的驱动下，将感性材料具体化、集中化和理论化，形成一种形象系统才能领悟出其中的意义，从而达到对事物理性认识的高度。美感以直觉融合感性和理性，是感性中的理性，理性中的感性。正如意大利现代美学家克罗齐所言："知识有两种形式，不是自觉的，就是逻辑的；不是从想象得来的，就是从理智得来的；不是关于个体的，就是关于共相的；不是关于诸个别事物的，就是关于它们之间关系的。总之，知识所产生的不是意象就是概念。"（《二十世纪西方

美学经典文本》第一卷，复旦大学出版社）

美感虽然以直觉和以形象思维为主，但抽象的逻辑思维也起着辅助作用。在赏析观赏石的科学美时，离不开抽象的逻辑思维，赏析者只有具备了哲学的眼光，才能使审美创造和欣赏达到更高的概念性的理性高度。

美感主体的情感体验

美感是审美主体的人的情感体验，人在审美过程占有能动性的主导地位。所谓体验是主体对客体的一种情感的感受、体察和体悟，它是主体的审美需要与客体的审美属性的一种契合；没有这种契合，就不可能审美。例如，一枚石头以审美的眼光去看，是一枚质色俱佳的美石；以纯科学研究的眼光去看，则是一枚可以考察其矿物组成和结构的岩石标本；以建筑材料的眼光去看，则是打碎后可用作混凝土的石料；在一个顽童的眼中，它可能只是路边一粒碍事的"石头"而已。我有一位退休前从事地质工作的石友，在与他聊到退休前后对观赏石的认识的时候，他说他很"后悔"：当年若不是在"情感体验"上过于关注"岩石标本"的话，现在恐怕早就是"富可敌国"的藏石家啦！

体验还具有个性化的特征，正所谓"萝卜青菜，各有所爱"。对同一枚观赏石的美感，常因个人的阅历、审美的经验、审美的趣向而异。就是同一个人而言，也会因为情绪和环境的变化而可能有截然不同的审美感受。杜甫的诗："国破山河在，城春草木深。感时花溅泪，恨别鸟惊心。"所表露的正是这样的心情：曾经感受的美好河山因为"国破"的伤感，而"花溅泪"和"鸟惊心"；时过境迁，一样美景，两番心境。

审美体验既有顿悟、直觉的非理性的瞬间感悟，也有"悠悠我心"的理性沉思；审美体验既是审美主体以审美客体为载体的一种虚拟的精神世界的构建，也有对这种构建的理性品评。审美的体验是一个过程，虽然自始至终都是感性的、形象的、情感的体验，但随着美感的深入，思维的成分和理性的成分逐渐加重。因而美感的体验是一个阶段性递进的过程。

观赏石审美的阶段性递进

在观赏石赏析的过程中，最有能动性，也最具创造性的是作为审美主体的赏析者。赏析过程经历了由感觉到知觉的感性体验，由物象到情象的阶段，以及在此基础上由情象向意境进入理性体验阶段的飞跃。在不同的阶段，都能获得不同的审美心理感受。

这个由个别到整体、由感性到理性的审美意识不断升华的过程，可以简化为下列示意图。

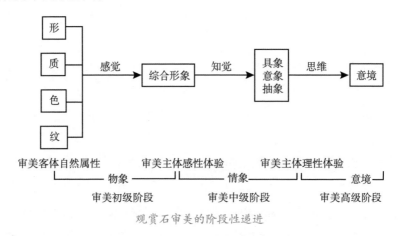

观赏石审美的阶段性递进

观赏石审美初级阶段——感觉的产生：形、质、色、纹之美

观赏者面对观赏石，通过视觉和触觉，首先感觉到的是其个别的属性，即形、质、色、纹。在产生感觉的同时也在对其状况进行观照和审美判断。

形态

包括观赏石的体量、外形和石面（石肤）。体量是指观赏石的几何尺寸。一般来说，岩石类观赏石的体量愈大，愈难以在天然环境中保持其形体的完整性和形成较好的画面，所以在审美判断时造型石、图纹石和色质表面积与体量成反比：同样质量的物体，体量愈小，表面积愈大。比如，边长1厘米的正方体当切割为边长0.5厘米的立方体时，其总表面积为8×0.5×0.5×6=12（平方厘米），是原边长1厘米的表面积1×1×6=6（平方厘米）的2倍。

"猿祖"（韩余生 藏）

"峡江情"（吕元朝 藏）

玉质岩石的"火焰山"
（杨礼厚 藏）

类玉质岩石的"夕阳红"
（路建荣 藏）

原岩粗涩的质感显出水汽氤氲的"高峡出平湖"的氛围（温智勇 藏）

乐享！尽情享受观赏石的美感

粗糙的石质正好显示了陶制
的"武士俑"（雷敬敷　藏）

石在其他方面相似的情况下，都以大者较小者
为"奇"。

外形完整，无裂隙和裂纹、无破损对造型
石和色质石至关重要。图纹石则通常要求外形
扁平、端庄，画面协调，石面的形态和裂纹等
不影响画面的完整性者为上品。

质地

包括硬度、润度和细度。一般要求岩石类
观赏石的硬度不低于摩氏硬度4（相当于萤石以
上的硬度）。硬度较大者耐磨损，易保存。润度
是指手感的润涩程度，以滑润者为佳。细度是
指石面的粗细程度（即岩石中矿物的结晶粒度
大小的手感反应），以细腻者为佳。综合考虑硬
度、润度与细度，当以玉质或类玉质的观赏石
为最佳。

不过，"凡事都有例外"。如"高峡出平湖"，
正是由于较粗的石质，而使"高峡平湖"恰到
好处地显出了水汽氤氲的一派空蒙景致。"武士
俑"也正是以岩石本身的粗涩表象，而显出与
陶俑无二的"陶"的质感。

浓淡变化更显得"江山"
的"铁血"（李胜天　藏）

浓妆淡抹绘制的一幅"天上掉下个林妹妹"
（雷兴义　藏）

相关链接

摩氏硬度是由十种不同硬度的矿物组成一套测定矿物刻划硬度的组合。硬度分为十级：滑石（1），石膏（2），方解石（3），萤石（4），磷灰石（5），正长石（6），石英（7），黄玉（8），刚玉（9），金刚石（10）。

色泽

色泽分单色和复色。单色包括色相及饱和度；复色包括对比度和协调性。

复色是指有两种或两种以上的色泽。由于观赏石复色较少，因而更受青睐。单色者通常以饱和度高，或有晕色者，即有浓淡变化者为佳。复色的画面不能杂乱，对比适度而又协调者为上，如画面石"天上掉下个林妹妹"，红、黄、绿在面积分配和色调配合上十分协调，犹如一幅油画佳作。

最简单的单色对比莫过于黑与白。"出浴"就是一幅黑与白对比强烈，以刀代笔的韵味甚浓的木刻版画风格的图纹石，观赏者不会因其不是彩色、

虽然是黑白版的"出浴"，却依然得到观赏者的认可

（夏文敏　藏）

相关链接

色彩三要素包括色相、明度和纯度。

色相：色彩固有的相貌，它是不同波长的光波作用于眼睛而产生的视觉感受，如红、橙、黄、绿、青、蓝、紫等。

明度：色彩的明暗程度。物理反射光的强度越大，看上去就越明亮，明度就越高；反之就显得暗，明度低。

纯度：也叫饱和度，指颜色纯净的程度。是决定色相的光波在整个反射或透过的光波中所占有的比例。色相光波的比例越高，纯度就越高，其视觉感受中该色相光的颜色就越浓、越艳。

乐享！尽情享受观赏石的美感

27

粗凹凸纹显出的"羊"（吴永高、杨晓芳　藏）

没有晕染而降低了它的审美情趣。这说明具体情况下还得具体分析，不可一刀切。

纹理

纹理成因上分为原生纹和次生纹；表现为色彩纹、凹凸纹和裂隙纹；纹理的形状又有点纹、线纹和斑纹三种形式，也可以形成复合体。

纹理既与原岩的矿物组成和成岩过程有关，也与后天的构造作用和风化作用有关，比如构造节理和已被充填了的裂痕，浸染而成的色彩纹，刻蚀而成的凹凸纹，碰撞形成的裂隙纹等。

审美实践中凹凸纹通常作为自然历史的见证而成为"亮点"。裂隙纹通常会造成负面的影响而被称为"天残"。若裂隙纹构成了可人的图像，那就是"天意"了。

从观赏石的审美实践过程看，对形、质、色、纹的单一赏析已成为一种常态。而图纹石的"纹"和造型石的"形"，都具有相对的独立意味。所以，在观赏石鉴赏的初级阶段，其美感尚处于"观"的层次——求其物象而人石处于相隔的状态。

"羞"（杨礼厚　藏）

"李时珍"（姚卿泽　藏）

观赏石审美中级阶段——知觉的产生：图像与塑像之美

赏析者感觉到观赏石形、质、色、纹的个别属性之后，就会在大脑里综合成一个整体形象的知觉。如果这个知觉的整体形象类似于绘画艺术品，就称为图像；如果类似于雕塑艺术品，则称为塑像。这时，赏析者便会调动头脑中储存的各种形象记忆，也就是通常审美心理学所说的"表象"，与知觉互动，从而形成对这枚观赏石的体验：具象，意象，或是抽象？这三种"象"已不仅仅是观赏石的客观物象了，而已经注入了赏析者的情感因素，因而它们可以统称为"情象"。如果说艺术创作是情感的形式化，那么对观赏石的具象、意象、抽象的感受则是形式的情感化——情象。

具象、意象、抽象

具象是指所看到的形象与具体的某一物体、物象十分相似，让人看一眼就有了"这是什么"的认识。

意象是指观赏石上看到的形象与具体的某一物体、物象介于似与不似之间，赏析时从不同的角度看，常有不同的认知，可以表述为"这像什么"。

抽象是指观赏石的形象与具体的物体、物象完全不相似，但是能从画面的色泽及其对比和变化，从画面的纹理及其组成和对比，以及与石形、石质的组合中感受到一种情绪的释放。脑子里常常出现显"这有什么意味"的感受。

这里要特别说明的是，这三种表现形式本身并没有高下优劣之分。就像抽象画与工笔画并无孰优孰劣，只是两者都会有高雅的优秀作品和低俗的平庸之作。具象、意象、抽象只是图像或塑像在赏析者心中的感受，至于格调和情趣的高低优劣，那就要看它的意境了。

为了能形象地比较观赏石赏析中的具象、意象和抽象，这里以三枚长江画面石的赏析为例。

"皇家警卫"是一枚具象石，它的魅

具象石"皇家警卫"（吴建 藏）

力在于逼真。在灰黄色的背景上，一幅英国皇家警卫的侧面肖像灼灼然：高冠，浓眉，凹眼，蒜鼻，紧抿的双唇，略向前伸的下巴，确实惟妙惟肖：其神态恰到好处地表现了这位资历不浅的皇家卫士阅尽世事沧桑、笑看过眼烟云的个性特征。

"羞女"是一枚意象石，它没有"皇家警卫"那些惟妙惟肖的细节，看到的只是一位端坐在婚床上的新嫁娘的身影。从她那略向前倾的身躯，从那一只手放在膝盖上，另一只手向上举起轻抚盖头上红绸一角的姿态，我们感受到了，或者更准确地说是意会到了这位新嫁娘既喜悦又紧张的娇羞之态。

会意，是赏析意象观赏石的真谛，使赏析者有了更多的想象空间。

"九寨风情"则是一枚有抽象意趣的美石。凡到过九寨沟的人，都知道水是九寨沟的精灵。那里的水之美，既有水的清澈之美，也具水中倒映的山林之美。在"九寨风情"的画面上，我们不能像"羞女"那样意会到哪儿是水，哪儿是山，哪儿是林，哪儿是瀑，但是，观赏石画面上那些疏密相宜、浓妆淡抹的点染之笔，却让观赏者感悟到了瀑布的磅礴，溪流的婉转，山林的清秀，海子的洁静。点、线、面的组合，竟然道出了九寨沟的水泊之精神，山林之魂魄。这正是抽象画面石魅力之所在。

观赏石的形式美法则

图像与塑像不论是具象、意象还是抽象，都以构图造型完整、主题鲜

意象石"羞女"（唐勇 藏）

抽象石"九寨风情"（张建 藏）

明者为上品。观赏石给观赏者的第一印象是其整体的形象与架构，其形式美的法则是"变化中的统一，统一中的变化"。变化才有活力，统一才能和谐。变化与统一的关系如下图示表示：

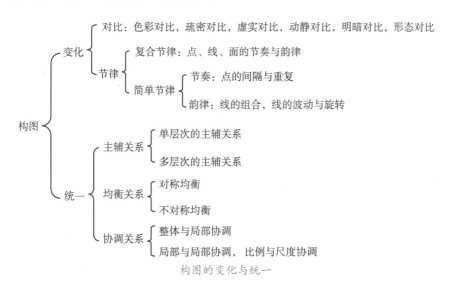

- 构图
  - 变化
    - 对比：色彩对比，疏密对比，虚实对比，动静对比，明暗对比，形态对比
    - 节律
      - 复合节律：点、线、面的节奏与韵律
      - 简单节律
        - 节奏：点的间隔与重复
        - 韵律：线的组合，线的波动与旋转
  - 统一
    - 主辅关系
      - 单层次的主辅关系
      - 多层次的主辅关系
    - 均衡关系
      - 对称均衡
      - 不对称均衡
    - 协调关系
      - 整体与局部协调
      - 局部与局部协调，比例与尺度协调

构图的变化与统一

"大漠落日"则以河流相沉积的交错层理勾勒出沙漠瀚海的韵致，由于与线状纹的形态反差而显现出圆斑状的落日。色调因对比适度而显柔和。

"少女"一石图像的变化"奥秘"在于斑状色彩纹的浓淡对比与均衡的分布。而交错的细线纹的疏密变化则提高了构图面的灵动感。

线纹与颜色在变化与和谐中统一的"大漠日落"（王新生 藏）

彩纹浓淡变化中统一的"少女"（吴永高 藏）

进入审美的知觉阶段，表明审美主体——赏析者已经完成了感性认识。这时赏析者可以因为这枚观赏石或者"是什么"，或者"像什么"，或者"什么都不像，但给人以某种感受"而获得了一种美感的愉悦之情。在观赏石审美的中级阶段，赏析者已经开始寓情于物，将图像、塑像作为自己情感的对象——情象。赏析还需要向更高级的阶段进发：目标——人与石融为一体的意境阶段。

观赏石审美高级阶段——思维的产生：意境、命题与点评

在上一阶段的基础上，赏析者在情感的驱动下，通过联想、想象和移情等审美心理活动，以及以形象思维为主的思维过程而进入到人与石的合一：石由人的情感的对象进而成了人的情感的化身，赏析者进入到一种浮想联翩、自由自在、如痴如醉的理性境界，从而获得最大限度的审美愉悦，这就是审美活动的高级阶段——意境。

意境是中国传统美学的一个重要思想。最早提出这个概念的是唐代的王昌龄，他在《诗格》中提出诗有三境：物境、情境、意境。意境是意与境的结合，情与景交融而产生的一种境界。中国现代美学大师宗白华说"意境是情与景的结晶"，也是这个意思。

既然意境是一种物我相依、情景交融的状态，那么对意境的考察必然要将观赏者与观赏石的情感交流所形成的对观赏石的命题和点评、赋文纳入其中。

图纹石"归鸟图"由于藏石者的"归鸟"的点题，赏析者才有"暮色苍茫，群鸟归巢"的印象。在画面上偏暖色调的诱导下，很容易让人产生一种由归鸟之景引发的思乡之情的意境来。

图纹石"五月鲜花志士血"的斑斓色彩中，以红色的点纹深浅变化为主导，极富视觉冲击力，而命题引导赏析者由红色的印象联想到五月鲜花，由"五月的鲜花"又联

引发思乡之情的"归鸟"（曹宇东　藏）

想到志士的鲜血，以及那首著名的抗日救亡歌曲的时代背景。情与景的交融，产生出一种具有震撼力的意境，一种对志士景仰的崇高美感。

命题所提示的意境，可以有不同的风格。如"我怕谁？"诙谐风趣；"夕阳山外山"寓情于景；"伟人"会意传神；"好汉歌"则是通过点睛之命题让赏析者进入到水浒的人物之中；而图纹石在"梨花夜落轻人梦"蕴意的意境提示下，使一枚看似平常的观赏石给人以一种诗情画意的审美感受。这显然是那种就石论石没有展现意境的命题所不及的。

由于命题受字数所限，常有对意境显示不足之憾，若辅以诗文或点评，则可尽兴。如刘勋梅藏石"春绿水乡"笔者配诗以使意境得到较好的体现，这首诗是这样写的："烟雨江南／山花红欲燃／春燕双飞语呢喃／时闻牧童呼唤／／暮色四合向晚／炊烟几缕添暖／溪边村姑浣罢／鬓角茉莉香软。"

由于每个人的经历、学识、情感、意志等方面的差异，能否达到某种"意境"，或者达到这种境界的程度，不尽相同。比如赏析者如果没有读过杜甫的《登高》一诗，

"五月鲜花志士血"（肖名芄 藏）

"我怕谁？"（徐宪 藏）

"夕阳山外山"（唐良华 藏）

"伟人"（邓飞 藏）

"好汉歌"（冯文龙 藏）

"梨花夜落轻入梦"（李安宇 藏）

"春绿水乡"（刘勋梅 藏）

"无边落木萧萧下"（钟历富 藏）

就不会从一枚画面石上所显现的秋天高远、秋叶飘零的意象而联想到"无边落木萧萧下，不尽长江滚滚来"的意境，从而将这枚图纹石命名为"无边落木萧萧下"，借杜诗以激发赏析者对这枚观赏石的更深一层的美感。

意境的层次说

"意境"属于我国传统审美思想的核心范畴，它的层次性一直是美学思考的重要方面。王国维作为我国意境理论的集大成者，将诗歌的意境（境界）分为"有我之境"与"无我之境"两个层次。他说："有我之境，以我观物，故物皆着我之色彩；无我之境，以物观物，故不知何者为我，何者为物。"宗白华在《中国艺术境界之诞生》中说："艺术境界不是一个单层的平面的自然的再现，而是一个境界层次的创构。从直观感相的模写，活跃生命的传达，到最高灵境的启示，可以有三层次。"

在观赏石的审美实践中，石友们常会有类似的层层递进的感受。吴孝文认为，赏石有三个层次、三种境界。第一层次——外观：观其形，初识外在美。如像某一形象被她吸引，处于一种兴奋的境界；第二层次——内视：曲径通幽，发现内涵的意境。身心在石中神游，这是一种身心愉悦的境界；第三层次——人石合一：以深刻的思维、精练的语言勾勒出人与石的交融，这是一种心灵得到净化、提升的境界。

张训彩在其所著《中国灵璧奇石》一书中，将灵璧石的欣赏过程概括为"爱石、读石、痴石、悟石"四个过程。所谓"爱石"是"以人意来求石意"，"一般只注重奇石之外在特征，为奇石的形、质、色和怪、奇、绝所感染，并为奇所倾倒"，即"石合于人"；"读石"即"人合于石"，是"人意追求石意"，"超脱奇石之外在美，深入到奇石的内在意蕴中"，"达到人入石境，人石感应，心石交融之境界"；"痴石"即"石人合一"，"能与石之间'沟通'，视奇石为'无状之状'，'无象之象'，使人处于如梦如痴、心旷神怡之清虚、静空、无私、无欲、无念、自由、自在的太极幻境"；"悟石"即"出神入化，折射人生，洞彻世情"，"可悟天地之玄机，可览至真、至善、至美的神圣之光"。

由上可见，不论从诗歌的赏析、艺术的欣赏，还是观赏石的审美实践，都对意境提出了层次性递进的理解。那么，到底是二层、三层或者更多呢？如果我们定义意境为情境交融的话，那么观赏石审美中关于形、质、色、纹的考究，图像塑像的判断，还处于情与境相离，人与石相对的阶段，那就是吴孝文所说的第一层次"外观"，张训彩所说的"爱石"；还仅仅是对石之外表单一的形、质、色、纹或综合的图像塑像的形式美的赏析，尚未达到意境的地步。

当进入到情景交融、人石合一的意境阶段时，对于意境，我们可以分为三个层次。

第一个层次是情境交融、物我一体的状态。此时的石完全成了人情感的寄托，石与人融为一体。杜甫一首题为《假山》的五律诗云："一匮功盈尺，三峰意出群。望中疑在野，幽处欲生云。慈竹春阴覆，香炉晓势分。惟南将献寿，佳气日氤氲。"作者通过联想与想象，三峰假山"望中疑在野，幽处欲生云"，作者神游其间，感受"慈竹春阴覆，香炉晓势分"的

"佛"（冯炳金 藏）

山势奇趣，并寄托"惟南将献寿，佳气日氤氲"的人石情怀。这是王国维所说的"有我之境"；宗白华所说的"直观的模写"；吴孝文说的"发现石内涵的意境，身心在石中神游"；也是张训彩所说的"人合于石"，"达到人入石境，人石感应，心石交融之境界"。

第二个层次是情境交融、物我皆忘的状态。赏析者进入一种恍兮惚兮，如梦如痴，不知何处是石、何处是人的空灵的境界之中。这是王国维所说的"无我之境"；吴孝文所说的"心灵得到净化、提升的境界"；也相当于张训彩所说的"石人合一"的"痴石"的阶段，已经超越了石本身的形态和当下人的体验，视奇石为"无状之状""无象之象"，赏析者处于一种"自由、自在的太极幻境"之中；这也是宗白华所说的"活跃生命的传达"。冯炳金对其藏石"佛"的赏析诗云："俗间世事寻常见，欲问缘由本是空。淡泊务求能忘己，浑然物我心已通。"正是对其意境层次的感悟：石者，人也。柴宝成说，"石体坚贞，不以柔媚悦人。人在赏石过程中，精神境界会因其潜伏的生命力而变得细腻、深邃、坚韧，乃至崇高起来"正是说的这个道理。

第三个层次是情境交融、理性沉思的状态。这是对人与石的超越，对整个世界、宇宙万物的一种感悟，一种哲学的思考。这是宗白华的"最高灵境的启示"，张训彩的"出神入化的""悟石"，"可悟天地之玄机，可览至真、至善、至美的神圣之光"；这也就是石友们常说的赏石悟道中的"道"的启示。

观赏石的本质之美
——自然美

　　自然美是指人在对自然事物的审美活动中所感受到的美，其根源在于自然人化，在于人的本质力量的对象化，使"自在之物"转化为"为我之物"。观赏石天造地设，源于自然，于人可观可赏。对于观赏石美的考究，首先便是对它的自然美与人的关系、表现特征等属性的考究。

人类对自然美情有独钟

人类对自然美情有独钟，源于人是自然之子，人的审美意识萌发于对自然美的感受和当代人类回归自然的情结。

人类是自然之子

我们所说的自然有不同层次的概念：小者是人类及其赖以生存的地球，大者是太阳系，再大者是银河系乃至于整个宇宙。从目前的科学知识来看，地球是宇宙中至今唯一实证的有人类这样智慧生物的星球。地球已有四十五六亿年的历史，而人类的出现不过 300 万年。如果将地球的年龄比喻为一天，人类的历史不过几十秒，充其量不过一分钟而已！

人类是地球在其所处的宇宙环境中发展变化的产物。从人的系统发育来看，原始人类发展到今天的现代人类，无时无刻都离不了对自然的依赖、认识与改造。从人的个体发育来看，人一脱离母体便投入到自然的怀抱，在阳光与空气中成长，他所获得的一切都直接或间接来源于自然。当个体生命结束之后，人又复归于自然，化为尘与土，还原为无机物。

作为自然之子的人类，对于自然母亲有一种天生的赤子情怀，对自然之美有着与生俱来的情有独钟。

人的审美意识萌发于对自然美的感受

从发生学来看，人的审美意识萌发于对自然美的感受。文字是人类表达思想情感的符号，我们可以从"美"字的释义来探究人类对"美"的理解的历史积淀。

说起"美"字的来源，还真与"食，性也"有着天然的联系；因为人类要生存，首先必须满足于生理上的基本需要，即生长所需要的"食"和繁衍所需要的"性"。

从汉字"美"的释义看，最早的说法是东汉许慎在《说文解字》中说的："美，甘也，从羊，从大。羊在六畜中主给膳也，美与善同意。"宋氏学者徐铉注曰："羊大则美。"从以上的解释，可以看出美起源于人类对饮食的需要。马叙伦却认为"美"字本为"媄"字，是用来形容女子外貌的。王政则认为"顺产为美"，可以

佐证的是商代青铜器父乙簋上的铭文"美"字被写成孕妇模样。从马叙伦与王政的解释，又可以看出美的起源与人类的女性崇拜和生殖崇拜有关。不论是关于"食"或"性"，当时人类对"美"的理解是带有强烈的功利性的。

随着生产力的发展，人类生存能力的增强，人类对美的理解超越了物质的功利性，而开始注重精神上的需求，这最初的审美对象便是与人类息息相关的自然界。

考古研究表明，早在旧石器时代的北京猿人时期，就已利用了石英、燧石、片麻岩等二十多种矿物和十多种岩石；到了新石器时代又增加了软玉、叶蜡石、蛇纹石和碧玉等四十多种"美石"。这些美石的采集和利用，已远远超出了功利性的石器制造，而是增添了精神上的审美的需要；所有这一切表明，自然美是人类审美意识的源头。

人类在自然美中回归自然

人类与自然的关系存在着二律背反。一方面人类来自自然，天然地与自然同一；另一方面，人类自出现以来，便与自然成了对立面。从历史的角度看，人与自然的关系经历了"自然崇拜"—"人定胜天"—"和谐共处"的三个认识与实践的阶段。第一个阶段是人类原始的蒙昧时期。对自然盲目的敬畏与崇拜，山有山神，水有水神，树有树神。人类为了满足最低的生存需求，有限地向自然索取，人类与自然是和谐共生的。第二阶段

是人类的成长时期。由于社会生产力的提高，尤其是大大超越了人自身体能的工具的应用，人类的优越感极度膨胀，认为"人定胜天"，可以对自然不加限制地征服与利用，其结果是造成了危害自然也危及自身的环境问题。第三个阶段是当今人类日趋成熟的时期。环境的压力使人类终于明白，人类不过是自然的一分子，人与自然之间存在着一种平等的关系，相互联系，相互制约。人类对自然规律的认识与应用，不仅要满足人类自身的需要，求得全人类的大同，还要与自然和谐共生，求得人与自然的大同，这就是追求人与自然合规律性、合目的性的环境友好型社会的愿景，这是人类对自然认识上的否定之否定的理性回归。

　　观赏石的审美活动使人与自然之美零距离接触，正是这种回归自然的生动体现。"夜听石语到三更""赏石，心灵朝圣之旅""石心、石意、石有情""与石同寿"等，都是人们在对观赏石自然之美的感悟下发出的心声。

自然美是观赏石的本质属性

　　观赏石的美是自然美、艺术美、科学美相结合的一种综合的美，然而只有自然美才是其本质的属性。离开了自然美，观赏石就不成其为观赏石了，或者是不具美感特征的天然石头，或者只是人工创造的石质工艺品。观赏石自然美的内在表现是"自然"，外在表现是"奇"。

观赏石自然美的核心价值是自然

什么是"自然"?《说文解字》上说:"自,始也";"然"则兼有"是"和"这样"的意思。由此看来,自然就是它自身,也就是非人为、非人造的原生态。

大理石"天然石画"

观赏石是自然之物,它的美是源于自然创化的自然之美。"清水出芙蓉,天然去雕饰",对自然意味的追求、对自然的崇尚是中国传统文化中源远流长的审美理想。"文章本天成,妙手偶得之",认为文艺创作和人为艺术若能达到自然之美的高度,便是出神入化之作了。

和田观赏玉之一

在观赏石的审美实践中,人们总是尽可能地保持观赏石的自然状态——原生态。就是那些被切割的山体石,如大理石,其审美诉求上也强调其色、质、纹的自然属性而命名为"天然石画"。近年来,一些原本用作雕件或印章原料的石材,也由人工回归到自然。如新疆的石友将外皮构成多姿多彩画面和拟物外形的和田籽玉称为

和田观赏玉之二

巴林画面石之一

巴林画面石之二

观赏石的本质之美——自然美

41

"和田观赏玉"，内蒙古的石友将巴林石中有绚丽纹彩的原石作为画面石来欣赏。

我们说观赏石自然美的核心价值就是自然，更深一层的含义还在于，人原本与自然为一体，由于人的主体精神的觉醒，使得人与自然成为了人与物的对立而二分。在对观赏石的自然美的审美过程中，当达到意境阶段的"物我一体"时，人最终又回到了人原本应当具有的自然状态，人与自然重新合二为一。如果说人类社会对自然认识的否定之否定是人类系统发育中对自然的认识过程的话，那么赏析者对观赏石的赏析则是这种一般的认识过程在个体中的体现。

观赏石自然美的表现是奇

我们说观赏石自然美的核心价值是自然，但不能说凡自然界的石头都是观赏石，因为这不相符合古今中外观赏石审美活动的实际情况。庄子说"天地有大美而不言"，当代美学中也有"自然全美"的命题。但是，庄子说的"大美"与自然全美的"美"，都有自然总体上的自身本然的意义，而观赏石是这整个自然体中极少数为观赏者所乐意人化，并可以采集、可以把玩、可以欣赏的天然石头。所以，观赏石是自然界石头中非常见的稀罕之物，观赏石自然美的表现是"奇"。

对观赏石的赏析不外立体赏析、平面赏析和平面立体相结合的赏析这三个方面；而这些都要以观赏石的形、质、色、纹等自然属性作为切入点。在自然的作用下，观赏石所特有的、非常见的或形，或质，或色，或纹，或其组合，会令人惊叹于自然造化的伟大，从而产生一种美的震撼。观赏石的自然之美，一个"奇"字切中要害。

由于在观赏石的审美实践中以"奇"为美是一种普遍的认识，所以观赏石的美的反义不是"丑"而是"平常""一般""普通"。观赏石审美中的"奇"与"不奇"的界线是清晰的，而"美"与"丑"的界线是模糊的，甚至于以奇特的"丑"为"美"。

郑板桥在《石》一文中说"米元章论石，曰瘦、曰绉、曰漏、曰透，可谓尽石之妙"，但莫若苏东坡所言"石文而丑"，郑板桥认为"一丑字则石之千态万状，皆从此出。米元章但知好之为好，而不知陋劣之中有至好也"。又说"丑石也，丑而雄、丑而秀"。郑板桥和苏东坡所谓的"石之丑"，其中也有"石之奇"的含义。

所以，观赏石的"奇"，不但有稀少的意思，还有"奇丑、奇特、奇妙、奇拙、奇巧"的意思，奇到极致便是绝无仅有了。不过，要强调的是，"奇"也有程度的不同。人们常说"每枚奇石都是独一无二的"，其实这话不太准确。在审美实践中，完全相同的奇石固然没有，但类似的，或者似曾相似的也有不少。所以，对这个奇，还需要有一个由量变到质变的"度"的界定，这就是"稀有度"。奇等于稀有度，这不仅对于造型石、图纹石，就是对于矿物、古生物化石和特种石也是适合的。

戈壁玛瑙"小鸡出壳"

戈壁玛瑙"岁月"

观赏石的"奇"所带来的美感，一是惟妙惟肖、可以乱真的具象的惊奇的感受，如著名的戈壁玛瑙石"小鸡出壳""岁月"和台北故宫博物院的"红烧肉"皆是。二是形、质、色、纹的奇特、奇妙，给人以一种不可名状的"此曲只应天上有，人间哪得几回闻"的恍惚的、独特的感受。柳州奇石馆里的一方摩尔石的命题是"？！"，所表达的就是这样的感受。

台北故宫博物院藏"红烧肉"

柳州奇石馆藏石"？！"

观赏石的本质之美——自然美

43

观赏石自然美的特征

观赏石的自然美的特征主要表现在不确定性、多样性和社会性这三个方面。

观赏石自然美的不确定性

一方面，观赏石自然美的不确定性在于观赏者对它的赏析总是以石拟物的，而观赏石中十分具象的、能众口一词地说"是什么"的毕竟是极少数，绝大多数或者是介于似与不似间的意象，或者是不可名状的抽象。似与不似也好，不可名状也好，都是一种不确定性。另一方面，对观赏石的认知受赏析者文化背景和审美经历的影响，同一枚观赏石在不同人看来，也会有很大差异。比如一枚新疆额河的画面石被当地石友命名为"芨芨草"，而南方的石友却认定是一片竹林的"潇湘院"。在观赏石的赏析中见仁见智、因人而异是一个普遍现象。

造型石属于立体赏析，从理论上讲，欣赏的角度有无限多的可能性，可以达到物移景换的程度。人们常有这样的感受，在某个角度看是具象的造型石，因角度的变化而转换成了意象的或抽象的了。除视觉角度外，光源的方向对其也有很大的影响，王朝闻在《石道姻缘》中讲述了他曾将一枚栖霞石置于逆光下，从而获得了过去从未有过的

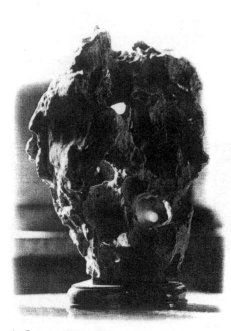

栖霞石（王朝闻　藏）

新的审美情趣。

对于图纹石，同样有赏析面的不同和赏析角度的不同而带来的感受上的变化不定，所以有"一石两看"或"一石三看"之说。试比较一下"一石两看"：李安宇藏石"礼多人不怪"，只看一部分为一施礼人物形象，如果从整体看则为蟒蛇曲身张口形象。

"礼多人不怪"（李安宇 藏）

观赏石自然美的多样性

观赏石自然美的多样性既起源于观赏石拟物的不确定性，又与人的认识心理过程中知觉的基本特征有关。

由于知觉的整体性和理解性，一些纹为主的图纹石，在赏析时可因不同的理解而连续，闭合成不同的物象。《心理学基础》上的斑点图可以给我们很好的启示：图1可以很容易地看出是一只狗的形象，图2的斑点稍为用心也会看出是一戴帽子和披风的骑士在骑马时的姿态。

由于知觉的选择性，我们在观察一枚图纹石时，总是会选择某一部分作为对象，而将其余部分作为背景。比如说一枚黑白相间的斑状纹

1 　　　　　　　　　　　　　2

《心理学基础》上的斑点图

"洋妞"（郑中亮　藏）

可以两看的"一团和气"（雷敬敷　藏）

"雪竹争春"（向寿元　藏）

的图纹石，是以白为对象、黑为背景，还是以黑为对象、白为背景，感受到的物象是完全不同的。背景与对象的关系实质是主次关系。如图纹石"一团和气"，从左边看是一个戴帽的胖子的头像，而从右边看又成了另一个长髯老者的全身像。

由于知觉的恒常性，人们在判断一个图像时常有先入为主的情形。比如，第一眼认为图像是一只猫，以后感到越看越像。别人说更像一只狗，却难以接受。再如"雪竹争春"，有命名的提示，赏析者自然会沿着雪与竹的形态特征去理解画面，感叹自然出神入化的惊奇。倘若未有命名在前，那观赏者都会以自己的第一印象来作理解了。

观赏石自然美的社会性

现代经典美学认为，是"自然人化"才使观赏石的自然属性转化为审美属性。就是说，观赏石之美既有客观属性的一面，又有作为社会中的人

"南极石"

"天外来石"

"拜北斗七星"

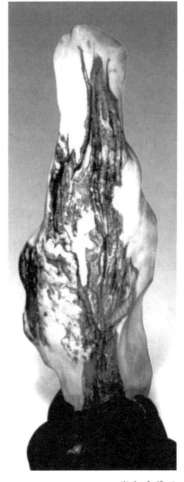

张大千藏石

的赏析者对其能动性的、创造性反映的一面。当你从河滩上采撷到一枚你认可的卵石时，这卵石的性质就变了，它由原生态的"自然之物"变成了"人为之物"。它的美既是天生的，又是你认同的。但这时的你不是孤独的鲁滨逊，而是社会中人，你的好恶，与整个社会相联系，必然企望得到社会的认同。就是说，个人的社会意识，必然决定于其所处的社会存在。所以观赏石的自然之美还积淀着社会实践的人

47

文精神。

第一，赏析者随着对观赏石审美实践的深入，观赏石美的内涵也在逐渐丰富。审美的心理过程是由表及里的，当赏析者借助于联想、想象，并注入情感，通过形象思维而由"表象"达到"意境"的状态时，美感也随之升华了。不少人都有过对观赏石"日久生情"的经历：一枚石头初看不怎么样，置于案头，时时细品之后，方知其奥妙之所在。

第二，因人的社会实践活动所承载的人文精神使观赏石的内涵发生了微妙的变化，或者是由"真"与"善"而转化为"美"，或者是由"真""善""美"的合一而增强了美感。一些外表看似普通的纪念石、事件石便是前者，如南极石、月岩和陨石等；而另一些历代名石、名人藏石便是后者，如北京故宫御花园中的图纹石"拜北斗七星"、无锡梅园的造型石"米襄阳拜石"，以及沈钧儒的藏石、郭沫若的藏石等。

观赏石的创作之美
——艺术美

　　观赏石之美在于它既是自然之美，又含有人为创作的艺术之美。一枚观赏石，当它从旷野之中原生态的"自然之物"变为赏析者所有的"人为之物"时，赏析者首先要做的，便是确定它的赏析方向和最佳的赏析面。这和我们平时去欣赏一座自然状态的山峰不同，你不能把这座山峰转过来去看或颠倒着看。从这个角度说，观赏石已经含有人为的艺术意味了。

观赏石的艺术美，在于观赏石的自然人化。它指的是自然在人的社会实践中，在意识和物质两个方面所发生的一种根本性的改变。对于观赏石的审美而言，这种改变不但是对观赏石这种自然之物的美的发现，也含有人为的美的创作，所以观赏石不但有自然创化的美——自然美，还有人为创作的美——艺术美。

关于观赏石的艺术美的形式与构成，我们从意识上的艺术再创作、物质上的艺术再创作以及观赏石艺术美的创作过程等几个方面加以说明。

对观赏石意识上的艺术再创作

命题

简单地给观赏石取一个名字，为它命名。如果这个命名具有表达意境内蕴之美的作用，称之为命题。观赏石的命题不同于一般的命题，赏析者将对观赏石的审美感受诉诸于凝练的语言文字，它是审美的命题。由于审美的过程是一个主体与客体互动的过程。主客体的状态不同，审美感受也不同。正如王朝闻在《石道因缘》里所说："观赏者与观赏石的关系，因条件的不同，存在于互相抵触和互相适应的种种矛盾。所谓石道，正是指观赏对象（物）自身，以什么特征与观赏者的兴趣（心）相适应；观赏者方面，通过什么特殊条件可能悟出石头之美，建立起心与物之间和谐的审美关系。"

重庆长寿县李安宇有一命题为"长寿"的文字石，隶书意味的"长"与"寿"合二为一。长寿人获"长寿"石，真乃天意！不过，从获得此石到识破

"长寿"石上颂长寿（李安宇 藏）

"天机"，竟历时两载！当初，李先生只觉此石纹理流畅，对比鲜明，便收入囊中。有石友看后，说这是一条藤上挂满了果实，可以题名为"硕果累累"，李先生亦未在意，从此一放就是两年。一日，好书法的石友林君来访，偶将此石把玩在手，忽然惊呼："难得好石呀——这不是'长寿'二字吗？"李先生一看心中一惊，顿时大汗淋漓。不识天机，怠慢美石，有愧呀！

这个实例说明，由纹理流畅之石，到"硕果累累"的感受，再到"长寿"的命题，是由于主客体互动的差异，所处状态的不同，才有了不同的审美感受和不相同的命题。

艺术性的命题是考量每个赏析者的文学和艺术"储量"的尺度。某先生看到一方命名为"鸭"的藏石，在黑色的基质上，白色的鸭子形象清晰而具象。如按一般的要求，也可以"到此为止"了。但猛然想起苏轼"春江水暖鸭先知"的现成诗句，于是将其命名改为"春江水暖鸭先知"。随即一想，何必一定要点出"鸭"呢？"春江水暖"的命题虽然没有出现"鸭"，岂不此时无"鸭"胜有"鸭"？

赋文

观赏石的赋文是对观赏石命题的发挥，是对审美感受的抒情，这是我国传统赏石文化的一大特色。从孔子"以玉比德"到历代的咏石诗、词、文、赋，在我国赏石文化宝库中实在是灿若繁星，熠熠生辉。请看，白居易以他的《双石》诗生动描绘了两片石："苍然两片石，厥状怪且丑""万古遗水滨，一朝入吾手""老蛟蟠作足，古剑插为首。勿疑天上落，不似人间有"。李白以《望夫石》为题，情景交融地道出了古代妇女之苦："仿佛古容仪，含愁带曙辉。露如今日泪，苔似昔年衣。有恨同湘女，无言类楚妃。寂然芳霭内，犹若待夫归。"清代高其倬则以十幅大理石画为题，咏叹天然"石画"层峦叠嶂中

天生一幅"鸾凤图"
（姚卿泽　藏）

观赏石的创作之美——艺术美

51

的无穷乐趣，其中《山雨初霁》诗写得活灵活现："林角才闻布谷声，东风早已促春耕。吹来朝雨仍吹去，更放前山一崦晴。"诗人们就是这样以自己的才华，或唱诵，或寄语大自然中各式各样的石头。

对观赏石的赋文以美的传统，一直沿袭到今天。姚卿泽将一画面石命题为"鸾凤图"，自题诗云："谁能乱点鸳鸯谱，天生一幅鸾凤图。万载情缘永相续，除非石烂与海枯。"郑利该的藏石"蓬勃"，其题诗："洁净透彻冰床 / 孕育明艳花黄 / 平和洞府宁静 / 不惧骤雨风狂 / 深居简出安详 / 遮了明媚艳阳 / 挤出洞口呼吸 / 蓬蓬勃勃生长。"静态的矿物晶体因赏析者充满情感的诗意的注入而幻化出一种动态的美感来。

赋文还能表达赏析者更深层次的思考。陈西对一"上"字文字石做了如下点评："上，方向，与下反指。以形相界，道器之分。上，万物生的标识，更是灵魂的指向。故万事万物唯上而生、而兴、而盛。"陈西的点评将"上"字的字意提高到形而上谓之道的层面来领悟，对这枚文字石的审美达到了意境的最高层次——哲学思考的高度。

绘画

刘昌沛将石、书、诗、画融为一体，创作出别具一格的"咏石画"。如他的藏石"海上生明月"，相类似者不少，但他以此石为素材创作的咏石画《月出归舟图》，因游子归舟的形象刻画，使这枚图纹石的意境在咏石画中得到了拓展与提升。

"蓬勃"生长
（郑利该　藏）

"海上生明月"
（刘昌沛　藏）

《月出归舟图》
（刘昌沛　作）

可见，以画咏石，一方面表达了创作者对观赏石图像或塑像的未尽之意、像外之旨；另一方面，由于画是对石的创作，这创作不是石的再现而是创作者思想情感的表现，因而又形成了咏石画自身的未尽之意、像外之旨。后来的赏析者在赏石赏画的对比之中会得到更多的审美感受与启示，甚而在意识上进行二度审美创造。

对观赏石物质上的艺术再创作

配座

观赏石的配座并不仅单纯意义上的"配"，还有对观赏石图像与塑像的剪裁、完善和意境的提升方面的意义。苏映飞的"鼠上灯台"的奇石配座因座而有"灯台"的意味，命题方得以成立。黄芃为自己藏石"母爱"的配座，由莲花座与金色的莲花浮雕的镶框而组成，虽显华丽之态，却深沉地表达了观赏者对母爱圣洁的颂扬之意。

借配座还可以将其他艺术形式与奇石相结合，平添一番情趣。黄芃对其藏石"醉猴"配以形似猴子身躯的根艺为座，石面上猴头两颊绯色，两

"鼠上灯台"（苏映飞 藏）

"母爱"（黄芃 藏）

53

眼迷蒙，一幅醉态，而树根所呈现的癫狂身姿则加深了这"醉"的意境。

观赏石的配座有一个重要的原则，那就是配座的身份始终是配角，不能以座压石、喧宾夺主。如果配座极其华美，赏析的重心成了配座，那便是一种失败的"过度包装"了。

组合

观赏石的组合是将两枚或两枚以上的天然石品按赏析者的意愿所做的艺术再创作。其自由度远大于配座，但在人为的力度上亦有强弱的区别。

组合是一种以观赏石形象为艺术语言的创作，首先必须有主题，才能表达作者的创作意图；其次是各组成分之间要协调，这不仅是主、辅、配件之间的协调，还包括各组成分大小、形态、色泽的搭配得当，以及布局留白的合宜。

李明的台湾"宜兰铁钉石"组合，寓统一于变化，融个性于和谐，显示出一种单体石所没有的整体的协调之美。杨礼厚的文字石组合"邓小平好"，图纹石组合"鸟双飞"，其人为的力度更大些。其组合石之间的关系是"非你莫属"和"缺一不可"了。而李安宇的卵石镶嵌组合"小品"，其人为的作用已达到了石质艺术品创作的地步了。

"宜兰铁钉石"组合（李明　藏）

观赏石一经组合，其审美意蕴会发生很大的甚而是根本性的变化，尤其是那些石品之间关联度高、"缺一不可"的组合形式，其魅力不仅在于

"邓小平好"组合（杨礼厚　藏）

"鸟双飞"组合（杨礼厚　藏）　　　　"小品"组合（李安宇　藏）

1+1>2 的审美增效作用，更重要的是它体现了创作者审美理想、审美创意得到实现的一种成就感。为了获得这种成就感，很多石友为了一组组合的完成，多方求索，历经数年之久也在所不惜。

陈设

观赏石的陈设，或者再宽泛一些地说观赏石的赏析环境的营造，日益受到赏析者的关注。这不仅体现在几、架的布置和展示的布局上，也体现在现场的陈设和媒体的平面设计上。

常乐斋的"听涛"的展示环境简练而和谐。其一是空间布局和谐：该石的波涛造型的走势是由右向左，背景的扇形挂件置于右上方，正好起到牵制作用，从而使整体显得均衡沉稳；而且主宾的大小、空间的留白也恰

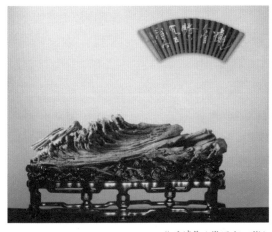

"听涛"（常乐斋　藏）　　　　"迎客松"（林凌　藏）

到好处。其二是色调和谐：座与石的褐与黄、挂件的褐与黄的色块分割与比例相映成趣。其三是意境的和谐：主题与背景、主件与配件，将现实的静穆与历史的沧桑融合在一个由视觉转换为听觉的"听涛"的意蕴里。

林凌"迎客松"的平面设计，以淡墨的山岩峭壁为背景，既突显了石上迎客松风姿绰约的韵味，又暗喻松树不畏艰难的品格。褐色的松树与灰白色的卵石背景协调，石和座又与整个平面设计的大背景互为映衬。

观赏石陈设环境的营造还包括光源的设计与布局。对平面赏析的图纹石应以正面漫射光为主光源，铺以弱的背景光避免石面反光影响画面；对立体赏析的造型石则根据石型以灵活的正、侧面光的强度对比和背景光的铺垫，表现出石体的三维造型特征。至于雨花石类的观赏石则应营造水中赏析的环境，通过减少漫反射更好地表现雨花石晶莹剔透的典型特征。

观赏石艺术美的创作过程

观赏石的艺术美是创作者心与物的结合，是他们主观审美理想、情感因素与观赏石客观形象的结合。观赏石艺术美的创作过程是一个由客观到主观，再由主观到客观的递进过程，即由观赏石的审美形象到创作者的审美意象，再由创作者将审美意象转换为艺术形象的过程。正如彭吉象所指出的，观赏石艺术美的创作过程大致要经历审美体验、艺术构思和艺术传达三个阶段。

审美现象—审美表象：审美体验

创作者在进行审美体验时，通常能将观赏石的形、质、色、纹的自然形象与创作者的生活记忆中的表象相对应，由联想而获得审美的初步感悟。比如，由"马"的表象"看"出石头上的飞马；由"云"的表象"体验"出石头上的流云等。由此，观赏石的自然形象转变成了创作者的审美形象。

心理学告诉我们，表象是客观对象没有呈现在主体面前时，人们观念中所保持的客观对象的形象，所以又称记忆表象。由此可见，创作者的生活经历越丰富，对生活的观察越细致，那么他的头脑中所储存的记忆表象就越丰富、越生动，就越能自如地与观赏石的自然形象互动，从而获得对这枚或具象，或意象，或抽象的观赏石感受，这种形象感受又成了创作者头脑中新累积的记忆表象。

审美体验的直接结果是审美视觉重心的确定，是观赏角度和方位确定的过程。显然这是一个发现和取舍权衡的思维过程。

例如在对下左图造型石的审视中，从某一个倾斜向上的角度看，是一只飞舞着的凤凰的形象。虽然凤凰在现实生活中并不存在，但在中国文化传统的浸润下，纹饰与绘画所表达的凤凰形象早已融入我们的脑海。对下中图的审美表象是一块"肉食"，对下右图的审美表象是"长脸老者"。

"凤仪"（李明 藏）　　　"东坡肉"（苏义吉 藏）"福禄寿"（庄伟才 藏）

观赏石审美现象的形、质、色、纹等转化成为创作者审美表象的图像或塑像的前提是要有审美的态度，否则就是认识的"真"或者功利的"善"的表象了。审美表象具有图像或塑像的知觉的整体性，具有非概念符号抽象表征的形象鲜活性，具有成为联想与想象可解构与重构的基础性特点。

审美表象—审美意象：艺术构思

艺术构思是在审美体验的基础上，对已确定审美视觉重心的观赏石从艺术的意识创造和艺术的物质创造两个方面进行构思，形成主体与客观相统一、感性与理性相统一、形式与内容相统一的审美意象。

由审美表象到审美意象是一个创造性的思维过程。审美意象不是观赏石客观形象的主观再现，而是主观再造，这就要凭借表象的形象思维过程，其中想象对艺术构思起到了至关重要的作用。想象以表象为材料，通过分析与综合的加工过程而创造出未曾知觉过的，甚至未曾存在过的新的事物形象。创作者在情感的驱动下，借助想象，可以天马行空，精骛八极，心游万仞，激发出无穷无尽的创造活力。通过想象，通过对新形象的创造，获得审美的深一层次的感悟。而这种感悟的深度、广度与创作者生活经历与情感投入有关。应该指出的是，在艺术构思过程中，形象思维贯穿始终，而抽象思维与灵感思维也起到了很大的作用。达到审美意象的直接结果是：在意识上实现并完成对观赏石命题、赋文和绘画的艺术构思；在物质上实现并完成配座、组合和陈设的艺术构思。

由审美表象到审美意象最根本性的变化是产生了命题，回答了这枚观赏石艺术美创作的主题，这里是主题先行，然后才有围绕主题艺术构思的传达。

由"凤仪"的命题，才有了烘托有凤来仪、祥云缭绕的云纹座的构思。云纹座之所以镂空，是为了在形式上与石的形态更加协调。

同样，由"东坡肉"的命题，盘与绳替代了配座的功能；从命题"长脸老者"到"寿星"，又由"寿星"联想到"福禄寿"，于是有了寿星的配件——拐杖上系着葫芦（福禄）的进一步安排。

审美意象—艺术形象：艺术作品

创作者艺术构思的审美意象，必须通过物态化为艺术形象，即成为艺术作品后才能进行艺术传达，引起他人的关注与认同。

观赏石艺术创作的传达，属于意识方面的命题、赋文和绘画，诉诸于文字印刷和视听传播等物质媒介；属于物质方面的配座、组合和陈设则以一定的物质材料为载体。总之，都离不开物态化的显现，离不开一定的物质手段的客观化和对象化的过程。这种物态化的显现除了深入的体验和巧妙的构思外，还要能巧妙地、恰如其分地表现艺术构思的审美意象。这便是命题、赋文和绘画的技巧，配座、组合和陈设的技巧。在分工日益细化的今天，艺术构思与艺术形象的表现也可以由构思者（策划者）与执行者（制作者）分工完成。

石界通常将含有人为艺术创作的奇石称为"雅石"，以有别于未经人为艺术创作的"原石"。须特别指出的是，艺术创作的体验过程中，构思与传达并不是截然分离的，它们是互相渗透、多次、反复的过程；以上阶段的划分只是为了叙述的方便而已。

"富贵猪"（胡春林　藏）

藏石者将一枚红色的"猪"造型石命名为"富贵猪"，笔者以此为主题，在构思上尽可能向意境的深度发掘，由豕（猪）在"家"字构成中的意义和国人对红色的寓意，再到赏析者对富贵猪的祈愿，层层展开，其所传达的艺术形象是一首诗：宝盖是房／豕在厅堂／这就是中国人的"家"呀／五千年的记忆／穿越时空茫茫／／红色是旺／红色当强／这就是中国人的梦呀／五千年的绵延／穿越时空朗朗／／宝贝是猪／喜庆满堂／这就是中国人的愿呀／五千年的祝福／和平安康吉祥！

图纹石"寒衣寄情"的收藏者并未命名，笔者从手里拿着衣物的古装少女联想到《红楼梦》怡红院里晴雯为宝玉缝补锦衣的故事，点题为"寒衣寄情"，主人公是一位为自己的

"寒衣寄情"（李英才　藏）

爱人缝制寒衣的女子。由此创作诗歌：低眉纳寒衣／云鬟金钗横／情系千针绣／意藏百折纹／但忧朔风至／却诧暗香闻／忽见院庭中／老梅树缠藤。这最后两句的形象恰如其分地描述了女子对自己钟爱的人一往情深的艺术传达。

观赏石的艺术美与自然美的交融

观赏石的艺术美与自然美是相互交融的；就是说，对观赏石自然创化之美的发现与对观赏石艺术之美的创造是互相渗透的，互相依存的。

亨利·摩尔的雕塑

现代赏石已超越了传统将观赏石作为缩微的自然景观来欣赏的范围，把观赏石作为一种天然艺术品来欣赏。传统的、现代的绘画和雕塑艺术品的审美意趣深刻地影响着赏析者对观赏石的鉴赏。比如将图纹石中有画面意味的称为画面石，进一步将有中国山水画意境的画面石在构图上区分为平远、高远、深远；将具有亨利·摩尔雕塑风格的造型石称为摩尔石等。

反过来，观赏石的天然美也为艺术家的创作提供了灵感。艺术家们赞叹观赏石"不是绘画，胜于绘画；不是雕塑，胜于雕塑"。现代艺术创作中有一种刻意摹仿自然美的倾向。其实，亨利·摩尔的雕塑灵感据说就脱胎于天然的石头。当代雕塑家展望的系列仿天然造型石形态的不锈钢雕塑，其参照的对象据说就来源于《云林石谱》。

其实，自然美与艺术美的界定是否取决于人为的方面，有时也是趋于模糊的。一方面由于自然造化的无限可能性，为观赏石有目的的采集、收藏和组合提供了可能。另一方面，艺术创作中既有主观意识之诉求，也有随意性之所得。如陶艺中的窑变，国画中的泼墨，篆刻中的刀味，都有随机性的因素。

展望的假山石

中国画泼墨图示

观赏石的理性之美
——科学美

　　观赏石科学美的发现在于对观赏石的科学赏石，也就是说，是科学赏石的实践揭示了观赏石的科学美。其深层的原因是人对客观事物不满足于"是什么"，还要探究"为什么"这样的一种天性。实践表明，对观赏石形、质、色、纹的"真"的探索而获得了某些合规律性的认识后，会提高我们对观赏石美的感受。比如对一枚有着凹凸纹的卵石，在欣赏它的纹理变化的美感的同时，还会因为了解到它的形成内因是凹凸处的矿物成分的抗风化能力的差异，外因是水磨砂砾风化作用使然，即地质学中的"差异风化"的结果，使凹凸纹的美感增加一层"真"的理性的色彩；对其外观形象不但有针对凹凸纹形态的感受，还有对其原岩的形成过程、原岩在水流作用中受到的种种侵蚀、磨砺和浸润过程的形象感受，美感因"真"而得到提升。

本章我们从科学美概念的提出、观赏石科学美的基础和观赏石科学美的内涵三个方面加以论述。

何为科学美

科学家与科学美

科学美的概念是科学家首先提出来，尔后才为美学家们所接受。法国著名数学家、物理学家彭加勒认为："科学家研究自然，并非因为它有用处；他研究它，是因为喜欢它；他之所以喜欢它，是因为它是美的。"他认为科学研究的成果不仅是美的—— 一种"理性美"，而且是一种"深奥的美"。杨振宁在《美和理论物理学》一文中明确指出："科学中存在美，所有科学家都有这种感觉。"

科学美既表现在科学研究的过程之中，也表现在科学研究的结果之中。科学美的概念虽然是由科学家在科学研究的实践中感受到并提出来的，但对科学美的审美感受并不局限于科学家。这种"理性的美""更加深奥的美"是每一个求"真"的人都可能感受得到的。

科学美的概念其实早已有之。早在古希腊时期，毕达哥拉斯就认为美是宇宙间数与数的和谐，并提出了著名的 0.618 的"黄金分割比"。有意思的是，2008 年 11 月 8 日的《参考消息》以《数学家和心理学家首次证明，美感是数学真理源泉》为题转载了《21 世纪》周刊网站同年 11 月 22 日的一篇文章，认为是"人类大脑将美感与真理联系在一起"。

真、善、美是人生的三大最高追求。关于科学美与真的关系，科学家们有两种看法：一种是彭加勒和海森堡为代表的观点："美的必定是真的"，即美是真理的一种形式。另一种是以爱因斯坦为代表的观点："真是美的充分条件；美是真的必要条件"，即"真"的必定是"美"的，而"美"的不一定是"真"的。美学界的一种认识是，"真"与"善"的结合是合规律性与合目的性的统一，这便是"美"，就是说"美"是"真"与"善"的结合与统一。

科学美的美感特征

关于美（美感）的经典看法有两点：一是超越功利性的自由愉悦；二是感性形象性的。前者是康德的"无功利性"论的延伸，第二点则是自古皆然。对于科学美持质疑态度的人正是基于这两点而言的。我们认为，科学美的特征与这两点是一致的，只是在获得的机制上有所不同而已。

科学是对包括人自身在内的自然的规律性的探索，其动力是人天生的求知探索的欲望，正如彭加勒所指出，"科学家研究自然，并非因为它有用处"，其出发点并无功利性。而科学研究的成果本身也是没有功利性的。比如，早在几个世纪前，科学家就发现了水到100℃会沸腾，产生蒸汽压，这本身并没有功利性。欲将其转化为具有功利性的生产力，必须借助于功利化的技术。人们将水沸腾产生蒸汽压的原理实用化，制造出了蒸汽机，才使之具有了功利性。

现代美学认为技术也有美，虽然这种美从实用角度看它是依附于功利之上的，但在美感上依然可以因为超越功利性，而处于一种无功利性的状态。譬如，高速机车机身的设计，由于合乎于空气流体力学的规律而显现出流线型的流畅圆滑的美感；这种"美"是附着于机车的"高速"功利上的，但我们在赏析它的时候却可以完全忽略或超越了它的速度的功利性。

再从自由愉悦看。通常的美感是一种自由愉悦的精神创造，科学的美感同样如此。不过在机制上，科学的"自由"是对自然的"必然"（规律）的认识，这就是彭加勒所说的较之仅对外观形象而言的普通的美感要"深奥"的原因。

在感性形象方面，普通美感借助于形象思维达到审美的理性高度，而科学美感则借助于抽象的逻辑思维达到审美的

和谐号

理性高度，最终都要落实在具体形象上。观赏石的普通美感是对观赏石外观形态的形象思维的感受，而科学美感是在此基础上，又增加了一层对观赏石外观形态形成机制的抽象思维的感受。

所以，科学美不但出自审美的实践，在美感特征上也并不与传统的美感特征相悖，在情感的对象化上因"真"的理性认识而使美感更加丰厚。美感的本质是情感，是爱。科学美的实质是寓情于理、以真启美的一种情感体验。

观赏石的科学美内涵使我们更加热爱观赏石。

观赏石科学美的基础——自然创化

观赏石的形、质、色、纹的自然属性是内动力地质作用与外动力地质作用的共同产物。

内动力地质作用主要表现为构造运动、岩浆活动和变质作用；外动力地质作用则表现为风化、剥蚀、搬运、沉积和固结成岩等。考究观赏石形成

相关链接

内动力地质作用是指由地球内部的动力所产生的岩石圈物质组成、内部结构变化，以及由此引起的地表形态的演化。内动力地质作用是生成火成岩和变质岩的主要动力。外动力地质作用是指地球表面的大气、水和生物在太阳辐射能、重力能和日月引力影响下，对地表物质进行风化作用、剥蚀作用、搬运作用、沉积作用和成岩作用的总称，是生成沉积岩的主因。

对观赏石来说，两大类地质作用既是形成原岩的主要动力，也是形成各类观赏石的主要"制作者"；只不过内动力地质作用是为观赏石埋下"伏笔"，外动力地质作用"致力"于后期的"制作"。对观赏石来说，它们的功劳不分伯仲。

过程中内外动力地质作用的自然创化过程和机理,是观赏石科学美的基础。

不论是图纹石、造型石还是矿物晶体、化石,都属于地壳的组成成分——矿物和岩石:化学元素构成了矿物,矿物构成了岩石。它们都具有各自特有的化学成分和物理特性,这些化学成分和物理特性是观赏石形成形、质、色、纹的内在依据。

观赏石"形"的自然创化

观赏石的"形"指它的形态特征,亦即其空间构型。观赏石的形态按形成机制可区分为原生的与次生的两类。

矿物晶体的形态属于原生类型。晶体是现实生活中一种司空见惯的物质形态。自然界的冰、雪,食物中的盐、糖,以及金属材料、土壤和岩石中的矿物大多是晶体。矿物晶体石类观赏石是专指有足够大的、肉眼可鉴的并具观赏价值的晶体。

矿物晶体最明显的外部形态特征是有规则的几何多面体。它是原子或离子在三维空间呈周期性平移重复排列的结果。所以,简单地说晶体是具格子构造的固体。

要形成发育良好的晶体有三个充分、必要的条件:稳定而充足的矿液供应,在一定时间内保持满足晶体长大的稳定的物理化学条件,以及晶体生长所需的充裕的结晶空间。只要满足这三个条件,自然界中的 4000 多种矿物都有可能形成硕大而美观的晶体。

但是,要同时满足形成可供观赏的晶体的三个条件太不容易了。所以,

雪花的结晶

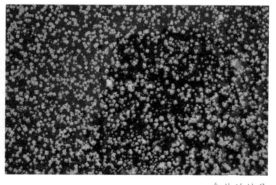

食盐的结晶

在岩石和土壤中的大量矿物晶体都是呈微小的、肉眼难以辨认的，甚至是非晶态的。因而大大限制了矿物晶体的产出。

晶体有单晶和晶簇。自然界的宝石大都是单晶，并且具有硬度高，透明度高，颜色纯净，色彩艳丽的特点，如钻石（金刚石）、红宝石和蓝宝石（刚玉）、水晶（石英）、祖母绿和海蓝宝石（绿柱石）、欧泊（蛋白石）、月光石（长石）等。

结晶条件的变化使矿物晶体簇生在一起，形成晶簇或多种矿物的共生组合在一起，甚至在生长过程中把其他矿物的晶体包裹在自己的晶体之中，从而提高了矿物晶体的观赏性。

化石是古生物遗体或遗迹遗物被迅速掩埋后，经过长期的元素的交代作用，形成了保留有原来生物形状、结构和印模的钙化、碳化、硅化、黄铁矿化、玉化的生物的遗体、遗迹和遗物。所以，化石的形态特征取决于古生物遗体和遗迹的形态特征；从这个角度而言，化石的形态亦如矿物晶体的形态，也是原生的。

化石在形态上有两大特征。一是生物进化的时序性，其外部形态和内部结构总体由简单逐趋复杂；二是生物外形的规则性，对称性最为常见，包括轴对称、点对称和面（镜象）对称等。生物外壳上的纹饰也符合分形理论的规则。

从常见的螺旋式内部结构的化石推测，古生物化石外观的规则性取决于生物体遗传因子 DNA 的双螺旋结构的有序性排列。

从观赏石的形成机理看，岩石类观赏石的图纹石和造型石的外部形态，既与产出地区的地形、地貌、纬度和气候带相联系，也与所承受的外动力

生物机体的对称

地质作用的种类、强度和时间密切有关。河滩卵石是图纹石的主要来源，在水力冲刷与碰撞下，原岩的碎块被磨去棱角而多显圆滑的卵形。造型石则取决于水力、风力的作用和原岩抗风化、抗剥蚀能力的不均匀性。钟乳石的外部形态则源于碳酸盐矿物的化学沉积作用。这种主要由外动力地质作用形成的外部形态，常常是次生类型。

观赏石"质"的自然创化

观赏石的质主要是指以岩石类为主的图纹石和造型石的质地，它表现在岩石的硬度、细度和润度三个方面；取决于原岩的化学成分、矿物组成和结构构造。

通常以二氧化硅为主要成分的岩石硬度较高；硬度高的观赏石（水石）的石肤上常常有"指甲纹"。碳酸盐组成的岩石则较二氧化硅为主的岩石的硬度低得多。一般认为观赏石以摩氏硬度为4~7的质地为好。硬度过高或过低都难以形成理想的观赏石。

细度是指组成岩石的矿物的结晶粒度，与原岩的结构密切有关。了解岩石的结构、构造不仅有助于鉴别观赏石的原岩，也有助于观赏石的鉴赏。

润度是指石皮的滋润感。润感本来是指玉的一种属性，若观赏石有类似玉的感觉，则以为佳。玉的硬度较高（6~7），结构致密而均匀。岩石类观赏石由于长期在水中浸泡而生成包浆，提高了温润感。

如果说硬度、细度和润度是观赏石的质地给赏析者的视觉与触觉的感受的话，那么岩石类观赏石属于岩浆岩、沉积岩或变质岩三大岩类中的哪

相关链接

岩石的结构和构造在观赏石的形成过程中有着十分重要的意义。

岩石的结构是指岩石中矿物（或颗粒）的结晶程度、晶体（颗粒）的大小、相对含量、形状及相互间关系等特点。岩石的构造是指不同矿物集合体之间、矿物集合体与岩石中其他组成部分之间的排列和充填方式与特点。研究岩石的结构和构造，可以获得岩石的成因信息，有助于岩石的分类和命名。

观赏石的理性之美——科学美

67

岩浆岩　　　　　　　　　沉积岩　　　　　　　　　变质岩

一类，则是对其本质属性的一种科学认识。

岩浆岩又称火成岩，是岩浆在地表以下或者喷出地表（空气和水体中）冷却凝固而形成的岩石。地表以下形成的岩浆岩称为侵入岩，由于冷却慢，结晶时间长，呈粒状结晶结构，通常距地表愈深的侵入岩结晶粒度愈大。喷出地表或溢流于地表而成的岩石称为喷出岩，由于冷却快，结晶时间短，多呈微晶或玻璃质结构。岩浆岩按其二氧化硅的含量多少又分为酸性岩、中性岩、基性岩与超基性岩等。

沉积岩过去曾称为水成岩。它是由成层的松散沉积物经固结作用而形成的岩石。其中的碎屑岩（砾岩、砂岩、粉砂岩）是由岩石的碎屑经过水力、风力或冰川的搬运并沉积下来的岩石。化学岩则是从溶液中沉淀形成的，如石灰岩和白云岩。生物化学岩是由生物化学作用而成（如生物碎屑灰岩）。

变质岩是地壳中原有的岩浆岩、沉积岩、变质岩在构造运动、岩浆活动或地壳内热流变化等内动力作用下，变成的具新的矿物组合、变质结构构造特征的岩石。变质岩形成过程中比较直观的是结构、构造及矿物组分与原来的岩石有较大的区别。岩石经受变质作用后，一般都会使硬度和密度增大。变质岩大多具板状、千枚状、片状、片麻状和块状构造。

认识观赏石属于哪一岩石类型有助于探讨它的形成机制，大有裨益于观赏石的求真。

观赏石"色"的自然创化

色是指观赏石的颜色。颜色是不同波长的光波对人的视觉的一种生理作用。太阳光是一种白光，由红、橙、黄、绿、青、蓝、紫等不同波长的光组合而成。光有自己的许多性质：当一束光线投射到物体上时，就会发生光的吸收、折射、透射、反射等物理现象，使不同的物体显示出不同的颜色。

透明矿物的颜色就是透过的光波的颜色，即透射光所显示的颜色：如果只有黄色光透过某种矿物，它就显黄色，只有绿色光透过就显绿色；如果全部白光都透过去了，这种矿物就是无色透明的了。譬如一颗透明的绿柱石晶体，如果透了红光，它就是一颗红宝石，但由于它所含的杂质元素不是红色的，透过的是相当于绿光的波段，那它就是一颗显现绿色的绿宝石了。

不透明矿物的颜色则是它反射光的颜色：如果白光没有被吸收而全部被反射出去，这种不透明矿物就呈现白色；如果白光被均匀地部分吸收，矿物就显现灰色；如果白光全部被吸收掉了，这种矿物就呈黑色；若白光是被不均匀地选择性吸收，矿物就呈现彩色。吸收红光时，反射光以绿光为主就呈绿色。所以，红色与绿色又称为互补色。

矿物晶体的颜色与矿物的元素组成及其价态有关，这些能决定矿物颜色的元素或离子称为"致色元素"或"致色离子"。致色元素多是化学元素周期表中4~7族过渡金属系列，其中又以钛（Ti）、钒（V）、铬（Cr）、锰（Mn）、铁（Fe）、钴（Co）和镍（Ni）最为重要，其次是钨（W）、钼（Mo）和铜（Cu）等。

同一种致色元素的不同价态会有不同的颜色。如二价铜（Cu^{2+}）为绿色，三价铜（Cu^{3+}）为蓝色；二价锰（Mn^{2+}）为蔷薇色，三价锰（Mn^{3+}）呈红色。铁元素的颜色与离子价态和水合度有关，失水的三价铁为红色，水合三价铁为黄色，而水合二价铁为绿色。

矿物的颜色是矿物中致色元素和致色离子共同作用的结果。

矿物的标准色及其代表性矿物有：红色——辰砂（粉末）；橙色——铬铅矿；黄色——雌黄；绿色——孔雀石；蓝色——蓝铜矿；紫色——紫水晶；褐色——褐铁矿；黑色——黑色电气石；灰色——铝土矿；白色——斜长石。记住这些"标准色"对初学者鉴别矿物是有好处的。

除了元素的成分和价态外，一些物理因素也会影响矿物晶体的颜色。当矿物中混进带色的杂质矿物时，会呈现杂质矿物的颜色。如无色透明的石英就是因为混入了带色的杂质而成为紫晶、蔷薇水晶或黄水晶。当入射

老玉与新玉的外观对比

光受到矿物的解理面或表面的薄层包裹体的层层反射时，会因光干涉现象而形成如七彩石、方解石和白云母表面的晕色。锖色则是辰砂和黄铁矿等不透明或半透明矿物氧化薄膜反射光的干涉作用所致。变色是矿物内部细微片状包裹体在不同方向所产生的不同颜色所造成；木变石的颜色最典型，它的黄色色调是二氧化硅在交代（原岩）石棉之后形成的隐晶质玉髓、玛瑙和残留的石棉颜色，而残留的纤维状和斑杂状石棉的折射产生其他的颜色。

岩石是由矿物组成的，岩石的颜色取决于组成它的矿物的颜色。沉积岩由于物质来源、生成条件的不同，以及后期的影响，颜色变化多端，有继承色、原生色和次生色之分。继承色是继承了原岩矿物的颜色，如石英砂岩继承了花岗石中石英的颜色。原生色是原岩形成时矿物的颜色，如海藻石砂岩因为含有原生矿物海藻石而呈绿色。黏土岩和化学沉积岩常常呈现原生色，如白云岩、石灰岩呈现原生矿物的白色或灰色色调。次生色是后生作用或风化过程中形成的次生矿物使岩石变色，如黄铁矿风化后使岩石的颜色由灰色变为红褐色。譬如灵璧石、乌江石中的灰色基础上常见有浅红色、灰黄色的色调。

岩浆岩的颜色也取决于组成它的矿物。它的颜色多为灰白色、白色、肉红色，以至深灰色和黑色。岩浆岩还有一个特点，就是从酸性岩、中性岩、基性岩到超基性岩，石头的颜色愈来愈深，称为"色率"愈趋增大。

变质岩由于形成了不少新矿物，使颜色更加丰富，更加变化多端。

岩石类观赏石的颜色除了上述与原岩的颜色有关外，还受后期风化作用的影响。后期颜色的变化取决于所处的环境和裸露在地表的时间长短。氧化环境下岩石中的铁被氧化，常常呈现氧化铁的红色，还原环境下高价离子被还原，矿物就多呈现绿色、灰色和黑色。炭质、有机质和沥青质含量高的岩石多呈黑色。水冲石的颜色与水中的物质成分和浸泡时间长短有关。岩石在水中浸泡对观赏石的形成有很大影响。这种影响除了表现为浸泡过程中使一些矿物发生水解和水化作用外，还会使水分子渗透进入岩石的微细缝隙（甚或进入矿物的结晶格架），在岩石中形成常见的水草花。譬如石英质的黄龙玉正是由于长期浸泡在水中，使铁离子、锰离子有更多的机会进入二氧化硅的晶格，才呈现出黄色的色调。岩石在水中长期浸泡的致色作用又称为"水镀"。

观赏石"纹"的自然刨化

"纹"是指观赏石表面可见的纹理形态。纹理的外在形式分有色泽纹、凹凸纹和裂隙纹。从纹理生成的机制可将其分为原生纹理和次生纹理。

原岩在成岩时的岩浆活动、沉积作用、变质作用和构造作用过程中，都会产生不同的纹理，这种纹理称为原生纹理。原岩形成之后岩石还会受变质作用（蚀变）和构造变形的影响，在观赏石形成过程中受到的碰撞、摩擦、侵蚀、溶蚀、磨蚀和刻蚀等作用，也会产生各种纹理，这时形成的纹理称为次生纹理。

原生纹理以沉积岩的层理和玛瑙、结核或鲕粒的层纹为典型。其中，以玛瑙的平直而圆滑的层纹最具代表性。沉积岩的层理总体来看是相对平直的，实际上拿放大镜看，好多是锯齿状的。层理对沉积岩类观赏石的纹

色彩纹　　　　　　　　凹凸纹　　　　　　　　裂隙纹

理很重要。包括喷出岩（火山岩）在内的岩浆岩和变质岩也有原生纹理。如火山岩的原生纹理有流线、流面、流纹、气孔状构造及球状构造等，侵入岩的流线、流面、流纹构造和斑状结构、辉绿结构和环状结构也会在观赏石的面上显现图纹。变质岩的原生纹理有由片状矿物与粒状矿物组成的板状构造、片状构造、片麻构造，以及揉皱状构造、条带状构造、香肠状构造等都是形成造型石和图纹石的好"材料"。

　　观赏石的次生纹理是指原岩形成之后出现的纹理，它们可以是成岩后充填（或没有充填）的节理、裂隙、岩脉、矿脉，也可以是改造原生纹理而成，形态也十分多样。

　　不论是原生纹理还是次生纹理，对观赏石纹理的形成都至关重要，这不仅对图纹石很重要，对造型石也很有观赏价值。如四大名石之首的灵璧石，除了皱、透、漏、瘦的形态之美外，那些百折千回的直线纹、弧形纹、环形纹、金钱纹、蝴蝶纹、网状纹、螺旋纹、回形纹、柳叶纹、刀砍纹、鸡爪纹、核桃纹和祥云纹都能为它增光添彩。

　　观赏石形、质、色、纹的自然创化在自然历史的长河中经历了水与火的洗礼，它们的形成是互相联系的，是内动力地质作用与外动力地质作用共同作用的结果。

观赏石科学美的内涵

科学美在空间尺度上拓展了审美视野

  科学技术在空间尺度上拓展了宏观尺度和微观尺度的观赏石的审美视野。这种拓展是观赏石科学美的表现之一。从宇宙、银河系、太阳系、地球到矿物、岩石，以及元素、分子的空间分布，是自然界的层次性结构，它所具的整体性、统一性和自组织性的系统特征，将观赏石赏析中古代先贤的"天人合一"的悟性，推进到科学理性的认识层次。试想一下，宏观之大可达宇宙，微观之小可到分子、原子，是何等气派的视野！

  作为观赏石的一员，陨石以其"天外来客"的稀有性，受到人们的推崇。从科学研究的角度看，陨石是研究太阳系与地球起源和演化的"考古样品"。由于对陨石的赏析可以拓展到宇宙、星系演化的宏观视野，所以对陨石的研究和赏析常常会给我们带来一种别样的感受。

  从微观来看，在对古生物的孢子、花粉、藻类和化石的细胞的显微观察中，同样可以有一种规律性的美的发现。对矿物晶体外形构造的规律性及其分子结构规律性之间相关关系的认识，无疑使我们在欣赏晶体的美丽奇特外形时，因为理解而有更深的感受。

矿物标本切片的显微观察

细胞的显微观察

科学美在时间维度上拓展了审美视野

科学技术在时间维度上对观赏石审美视野的拓展，是观赏石科学美的又一表现。从科学考察与研究的角度看，观赏石是一个历史的自然体。现在所看到的观赏石都是在地球历史上内动力地质作用和外动力地质作用共同作用下的见证。从这个角度解读，观赏石就不只是有长、宽、高的空间尺度，而是可以拓展到作为历史自然体的时间维度。包括岩石的地质年代和形成历史、古生物化石的生物进化史，以及陨石从母体中分离出来后暴露于宇宙空间的时间和陨落到地球之后接受风化作用的时间。

例如，质地细腻、色彩丰富、形态各异甚至表面有一层沙漠漆的戈壁石，最初被认为是风蚀形成的。经过科学考察，认识到它是经历了火成—水蚀—风砺这三个阶段的数以千万年甚至以亿年计的漫长的地质过程而形成的。戈壁石的内部成分和结构记录了火山喷出的成岩信息，它的外部形态记录了水蚀的风化信息，而它表面的沙漠漆则记录了风蚀的风化信息。一枚戈壁石在手，观察到的不光是外在的形、质、色、纹，还有这形、质、色、纹形成的历史过程。上千万年乃至上亿年的自然历史，竟浓缩于这一拳的石头之中！

戈壁石"觅"（张华 藏）

再如长江卵石中的名贵石种——芙蓉石，其灰白色背景上布满状如芙蓉花瓣的弧形同心圆状的纹理，层层叠叠。对其纹理的形成，开始有人认为是由于风化中的浸染所致。后来在滇西北的巧家一

芙蓉石"财源滚滚"（温智勇 藏）

带发现了芙蓉石的原岩，说明其纹理是在成岩过程中形成的原生纹理。如果对这些原生纹理形成机制能做进一步的科学探索，将会平添一番对自然历史沧桑回顾的情趣。

对于观赏石中的化石，如果不与生物进化史相应的地质年代相联系，不与形成化石的必要条件相联系，其审美的感受是要大打折扣的。从鱼遗迹化石上可以看到远古鱼类的感性形象：当它在水中自由嬉戏的时候，突然遭遇到地质灾变而被掩埋，被定格在这灾变的瞬间，亿万年之后的今天还能让人感受到当年那灵动的生命形象。这是具震撼力的科学美与自然美的交融。

下面左图是一条鱼化石及其在河底淤泥中鱼尾摆动留下的遗迹化石。古生物学家在研究古生态时，将其投影在右图中，通过测量和计算，测得当时的水动力数据，为古生态环境研究提供了必要的数据。

观赏石的科学美还体现在与自然事件有关的其他类观赏石的审美上。在本书后文中将有专门的叙述。

观赏石的美不是单一的，它是自然美、艺术美和科学美的融合。如果我们把观赏石比喻为一片树叶，那么这片树叶的两面，一面是自然美，另一面是艺术美，而叶柄是支持它衍生的科学美。

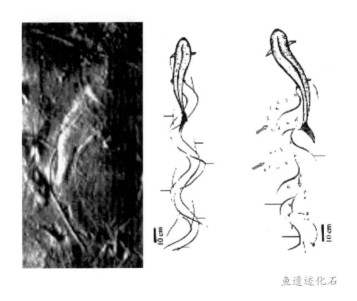

鱼遗迹化石

自然雕塑，目移景换
——造型石类观赏石赏析

　　造型石是以三维空间来展现和赏析的观赏石，是观赏石中的一个大类，通常多是岩石类的观赏石。由于历史和社会的原因，造型石成为我国传统赏石文化中的主流石种，四大名石中的灵璧石、太湖石、英石和昆石无一例外，都是造型石。在北京皇家园林现存的古石到幽静雅致的江南私家花园，除了"拜北斗七星"和大理石屏与雨花石等少数图纹石之外，稍微"上了年纪"的中国园林几乎皆是造型石唱"独角戏"。

灵璧石"风云际会"（王建 藏）

传统的文人赏析造型石，追寻的是"咫尺天涯"或者"壶中九华"那样的缩微山水的空灵境界，以"瘦、透、漏、皱"或其极致——"丑"为上品。现代人赏析造型石，则是将其作为目移景换的自然雕塑来类比。

我国的造型石资源十分丰富，除四大名石之外，还有戈壁石、大化石、松山石、九龙璧、摩尔石、卡通石和铁钉石等。本章不准备一一介绍每一种造型石，而以最传统的造型石——灵璧石和当代造型石的佼佼者——大化石为例，分析其美学特征和审美创新，以达举一反三触类旁通之效。

灵璧石的美学特征

四大名石中有"天下第一石"之称的灵璧石产于安徽灵璧县，是一种致密状灰岩形成的造型石。以黑灰色居多，亦有黄色、白色和红色者。其造型多变，其中叩之有声者又称磬石或八音石。灵璧石始采于殷周，数千

太湖石"红太湖"
（何光 藏）

英石"彩云追月"
（李金生 藏）

昆石"玉龙雪山"
（陈志高 藏）

年来为皇室官宦所钟情，更为文人雅士所痴迷。时至今日，我国东部沿海经济文化发达地区，仍以灵璧石为主要的观赏石种之一。

作为观赏石，灵璧石自有其形、质、色、纹之妙处；作为四大名石之一，依然可沿袭皱、透、漏、瘦来点评。然而，倘仅如此，灵璧石之魅力难以究竟。黑格尔在《小逻辑》中谈到真正的"比较能力"，"是要看出异中之同和同中之异"。

故而，我们以灵璧石审美感知的多元复合、自然之美的层次递进、审美体验的多重意境，以及艺术之美的哲理之光这四个方面阐述其美学特征。

审美感知的多元复合

人的审美活动必须借助于感觉器官，感觉是审美的第一步。观赏石之"观"，便是视觉的功能。而灵璧石的赏析，不但有视觉，还有听觉与触觉的参与。

科学研究表明，人对外界的感知，视觉所获得的信息量约占所获取信息总量的80%，听觉约占10%，再加上触觉的百分之几，灵璧石通过感觉之于赏析者，可以提供90%以上的信息量，远远高于其他种类观赏石的信息量。

由于审美感知的综合性，一方面是视、听、触的感知不可互相替代，所以现代审美学中有一个口号叫"解放感觉"，意为尽可能动员人的全部感官来审美，而灵璧石的特质使"解放感觉"能成为现实。另一方面，由于感觉之间相互贯通的"联觉"作用，对灵璧石的审美感受不仅仅是视、听、触觉的叠加，还有它们之间相互贯通所带来的联觉的复合感受。当你用手触摸灵璧石

灵璧古石"锁云"（周易杉 藏）

石肤上的凹凸纹时，它已由视觉上的纹理转化成了有切肤之感受的肌理了。这种肌理的感受是视觉与触觉相互作用所带来的一种特有的复合的联觉感受。听觉之于灵璧石则更有其独特性。"扣之，铿然有声""其声冷然""玉振金声"等，都是形象的描述。而这种铿然、冷然、玉振、金声给观赏者带来灵璧石质地细润若玉、坚实如铁的联觉感受。

灵璧石视、听、触觉的审美感知多元复合与联觉的审美效应是灵璧石独具一格的美学特征之一。

自然之美的层次递进

灵璧石作为观赏石中一个大类的造型石的代表，其"形"是第一要素，所谓的"皱、透、漏、瘦"只是其形的局部表现。其形的自然美的构成，可以分为三个层次。第一个层次是外廓之形态，宜远观，观其势；第二个层次是石体之褶皱，宜近赏，赏其韵；第三个层次是石肤之纹理，宜细品，品其味。

"中国风"（招雪芬 藏）

灵璧石外廓形态，包括含山映月的"透"，视其状物，可分为具象、意象和抽象。传统的灵璧石赏析，以抽象为主，意象者多为以小见大的山形景观。现代的灵璧石赏析，又增加了人物、动物、景物的具象与意象的内容。但就其外廓形态的自然之美，灵璧石友们不论具象、意象、抽象，更为看重的却是气势。

灵璧石石体之"皱"，可以"瘦"和"漏"来概括。笔者以为，雄浑质朴、雍容大度的灵璧石之外廓未必是"瘦"，与其说灵璧石以"瘦"为要，莫若将"瘦"理解为石体褶皱之态势，可能更贴切。"漏"者，漏水也，为褶皱曲径通幽之局部变化。在赏析灵璧石的褶皱时应多关注褶皱背项或圆润，或突兀，加之瘦、漏、褶皱之变化，其韵无穷。

灵璧石石肤之纹理，或谓之肌理，从质地上分有同质纹和异质纹；从颜色上分有同色纹、异色纹和多色纹；从形态上分有点、线、面，有凹、凸、平，从纹样上分有蝴蝶纹、龟甲纹、蚰蟮纹、珍珠纹、鸡爪纹、云水纹、条带纹、井田纹、斑马纹、竹叶纹等，达数十种之多。灵璧石不但纹理丰富，而且点、线、面繁而不乱，飘逸自然，灵动有致；凝神触摸，耐人寻味。

关于灵璧石纹理的地学成因，至今还是一个谜。王时麒提出的"潜水碎屑滑动成因论"的假设，认为各种不同的直线、弧线或环线状纹理是潜水面以上的原岩受到自上而下不同流动状态的地下水侵蚀所致；而各种沟痕状的磨蚀纹理则是原岩处于潜水面以下，受到携带有泥沙和岩屑的水平流动地下水流的侵蚀之故。这样一"说"提供了一种研究灵璧石纹理成因的新思路。

灵璧石自然之美的非同寻常，在于其引人入胜的层次递进，赏析者由远观外廓之势，到近赏石体皱纹之韵，再到抚石细品纹理之味，层层递进，由远而近，以至肌肤之亲，真是妙不可言！这是灵璧石特质异彩的美学特征之二。

"羊羊得意"（张训彩 藏）

"华夏腾龙"（柴宝成 藏）

审美体验的多重意境

赏析者对灵璧石自然美的感受，通常经历了由感觉到知觉，再由知觉到意境这样一种递进的审美体验。灵璧石的形、质、色、纹和皱、透、漏、瘦个别审美属性的感受，是审美体验的感觉阶段。在感觉的基础上，形成了对灵璧石整体形象的认知，从而以形状物，得出或具象，或意象，或抽象的感受，便进入到审美体验的知觉阶段。赏析若进一步借助于想象与联想，甚至于幻想的形象思维，让具象、意象、抽象的感受与赏析者丰富的情感相融汇，便可升华为一种由"物我相依"到"情境相融"，以致"物我皆忘"的意境之美的高度，从而获得审美体验中的最大的精神愉悦。

灵璧石自然美的三个层次的审美理性感受，可以带来灵璧石审美体验中的三重意境并存，这与对中国传统书法赏析中的审美体验极为相似：灵璧石形态整体变化之态势所表现的动静、虚实和刚柔，近似于书法布局的整体之美；灵璧石石体的褶皱之韵味所表现的参差、连贯和灵动，相当于书法结字的构筑之美；灵璧石石肤纹理之气魄所表现的节奏、韵律和力度，犹如书法运笔的笔力之美。

思维的外壳是语言，语言的符号是文字，文字的艺术是书法。书法是中国人传统的审美理想和追求。书法艺术之美的宣泄与灵璧石意境之美的体验一脉相承，这大约就是灵璧石为古今文人墨客所痴情的深层原因吧！

"佛光千手"　　　　"狮威"　　　　"将军"
（柴宝成　藏）

灵璧石审美感受中这种与书法相似的多重意境的体验，是其深邃隽永的美学特征之三。

艺术之美的哲理之光

灵璧石本是自然造化之物，作为观赏石，作为自然人化的对象，它已转化为"人为之物"了。当赏析者对一方灵璧石审形度势，确定其最佳的观赏角度时，就已经含有对灵璧石美的艺术创作的意味了。而对灵璧石的配座、命题和赋文则是对其意境感受艺术美的再现。

当笔者拜读一些古今灵璧石藏家以诗词、文章和专著赋文时，常常强烈感受到字里行间所跃出的上及于天、下际于地、中至于人生的哲理之光，令人心旌摇动，这是在其他石种的赋文中并不多见的。

中国传统的哲学思想，不论是以入世看人生的儒家哲学，还是以出世看人生的道家哲学，都关注人生，主张天人合一，很多有关灵璧石的赋文都浸润着这样的理念。

明朝吴嵩在《灵璧石赋》中赞灵璧石："导民之忧郁兮，散气化之抑怏。宣圣哲之怀思兮，达进言之怆悦。"热情地歌颂了灵璧石审美的人性关怀之功能。孙淮滨在《灵璧奇绝天下独》一文中写道："灵璧石坚贞砭介，不亢不卑，以石喻人，坚操励志，寄托人的情操和品德，这是人们供赏灵璧石的旨趣所在。"张训彩在其所著《中国灵璧奇石》一书中，指出灵璧石的文化内涵在于尊石为师，以石悟德，自适其意，悟禅养性，通过崇尚自然之物，回归自然之道的人生品味，以达到一种高尚的人格境界。巩杰在他的《中国灵璧石论》中提出了以灵璧石为对象的"灵璧石哲学"，并阐述了象数思维、整体思维、变易思维、中和思维、直觉思维、虚静思维、顺势思维和功用思维的系列思维方式及其在灵璧石收藏与鉴赏中的作用。

哲理的普遍性，必然是思维的抽象性。对灵璧石审美的哲理

"腾蛟"（张荣森 藏）

思考，是要从中感悟宇宙之本原、人生之真谛的普遍性法则。作为一种世界观与方法论，这种感悟反过来又会指导人们的实践活动。

王占东从对灵璧石的感悟，提出了叠石造园中的真与假、虚与实、意与境的原则与方法，就是对灵璧石哲理感悟的实践运用。

灵璧石艺术之美的哲理之光，是灵璧石自然之美的理性升华，是灵璧石审美感知的多元复合、自然之美的层次递进、审美体验的多重意境的最集中的体现！

大化石的审美创新

自 1998 年底大化石被人从红水河中打捞出算起，迄今不过十来年的时间，比之在两千多年前就有古籍《尚书·禹贡》记载的灵璧石，毫无"资历"可言。然而数年之间，大化石一路走红，以至不少新石友只知"大化"而不知"灵璧"，一些向来崇尚灵璧石的老石友也一时间对大化石趋之若鹜。个中原因，既有大化石独特的自然美、独特的地学成因和独特的审美诉求的时代演变，也有商业文化浸润的影响，作为一典型的造型石种，以闪烁着时代之光而成为赏石界的一颗明星。

独特的自然美与地学成因

大化石产于红水河广西大化县河段，其质致密坚实，硬度 5~7 度，玉质感强，其中的碧玉岩硬度超过 7 度，石肤呈油脂光泽，光洁滑润，水洗度特好。其色绚丽多彩，有棕红、深棕、褐黄、古铜、灰褐、橘黄、黄绿和灰白等，通常以金黄色为其主色调，在类玉的石质背景下，显得富丽堂皇。

大化石的形没有一般造型石的跌宕起伏，在浑厚的总体形态下，以平行状层理为特征，但有厚薄与局部的凹凸状变化。大化石中虽罕见有纹构成的画面，但纵横交错的斑状纹与枝状纹耐人寻味。

请先欣赏一下下面五方典型的大化石。

"红河魂"（何光 藏）

"江湖"（黄鹏 藏）

"禅门高僧"（谢冰冰 藏）

"龙舟"（王长河 藏）

"烛龙"（高津龙 藏）

张士中认为大化石独特的自然美在于其独特的地质学成因。大化石的原岩是距今 2.6 亿年的上古生界二叠系地层中的深海沉积的硅质岩。此后受构造运动的影响，基性喷出岩覆盖其上，随之有热液侵入，发生强烈的接触蚀变作用，使沉积的硅质岩石被强烈硅化，形成石英质或碧玉质的岩石，颜色多变，质地愈坚。后期由于构造运动而被抬升至地表的过程中又受到挤压和破碎，产生诸多的裂缝、裂隙和节理。红水河切过相应的地层层位，滚落河中的碎石经过千百万年河水的冲刷和磨砺，近距离搬运，便形成了多姿多彩、浑厚大方的大化石。

由于大化石的原岩是岩浆岩与沉积岩的接触蚀变产物，原岩沉积岩的总厚度仅一二十米，相当稀缺，加上红水河急流的冲刷、磨蚀和河水中矿物质的"水镀"，遂成就了成因上得天独厚、产出范围有限的大化石。

审美诉求的时代演变

造型石类的大化石的审美重心不是形而是质的圆润和色的斑斓，这对于传统赏石理念中造型石以形为主，而形又以"皱、透、漏、瘦"见长的意识，不能不说是一个很大的冲击；对于现代赏石理念中造型石应类比于雕塑的意识也不尽相符。因此大化石的面世，引起了一场审美诉求的时代演变，那就是"形、质、色、纹"诸要素中以某一要素为主的赏形、赏质、赏色、赏纹的多元化的审美。

赏色为主的三江彩卵"悟"（李群 藏）

赏色为主的藏瓷"女娲补天"（构同波 藏）

赏纹为主的来宾卷纹石"律动"（李明 藏）

赏纹为主的来宾卷纹石"活色生香"（竺兵 藏）

赏形为主的摩尔石"大鹏展翅"（李明华 藏）

赏形为主的摩尔石"大象有型"（雷和玉 藏）

赏质为主的黄龙玉"福寿金桃"　　　黄龙玉雕件"冠盖相望"
（张家志　藏）　　　　　　　　　　　（李群　藏）

　　文化的传承与发展，应该与时俱进，犹如长江大河"逝者如斯夫"！赏石文化是一个动态的变化过程，由"皱、透、漏、瘦"到"形、质、色、纹"是发展的；由情寄山水意蕴到意比造型艺术也是发展的；因大化石的惊艳于世而提出形、质、色、纹个别要素的单一赏析也是一种与时俱进。

　　于是，以大化石发端的以赏色泽艳丽为主的三江彩卵和藏瓷，以赏纹理韵律为主的来宾卷纹石和达州卷纹石，以赏形态变幻为主的摩尔石和乌江石，以赏质地类玉为主的指甲玉、黄龙玉等新的石种接踵亮相，受到不同爱好者的青睐，赏石文化以此为发端走向多元化的发展之路。

　　至于大化石为何能在极短的时间内打响，更深入的思考是：观赏石作为人的情感寄托，离不开人的社会实践。改革开放初期的二十世纪八九十年代，人们渴望追求富裕生活的梦幻一下变成了可能，当时最响亮的词汇是"万元户"。这种情感在赏石审美中，与大化石珠光宝气的外在形式美达到了最完美的契合，大化石也就成了那个时代的一个符号，定格在人们的脑海之中。以大化石为代表的观赏石审美诉求的演变，不可能脱离那个发生着深刻变革的时代及其社会背景。

现代商业文化的浸润

　　改革开放在我国经济生活中最根本的变化便是市场经济的确立，这种变化不可避免地在上层建筑和意识形态中表现出来。作为改革开放年代面世的大化石，不论在审美观念上、市场经营上还是品牌打造上，都受到市场的影响，浸润着现代的商业文化色彩。

大化石的商业文化的核心是审美观念的转变，品牌形象的树立则是其外部表现。

第一，柳州的石友为大化石正名。大化石原来是红水河在大化县境内出水的大化石、梨皮石、摩尔石三个石种地域名的统称。由于梨皮石、摩尔石于大化县并不具有唯一性，所以将独具地域特色的大化石正名为大化石，梨皮石与摩尔石不再包含于"大化石"之中。

第二，在品牌定位上，确立了大化石的独特魅力在于其"艳丽的色彩，玉化的质地，细润的石肤"，其价值诉求为流光溢彩的"宝气"。大化石被命名为"大化彩玉石"，"大化石"一词作为它的简称。

第三，在媒体传播上做足了"功课"。在《石道》《赏石》等业界媒体上不但突破了传统赏石观的局限，提出了赏形、赏质、赏色、赏纹的多元化赏析理念的舆论导向，还因势利导地宣传大化石饱满厚重的形态美和叠层重复的韵律美，并给这种韵律美起了一个赏心悦目的口彩"步步高"。

第四，大化石的精品石作为品牌形象的代言石在1999年秋季第一届柳州奇石节上亮相，又作为柳州奇石市场的主打石种而大量展示销售，一时间大化石声誉鹊起，全国藏石者纷至沓来。其间又有香港石商以数百万元之资求购大化石精品的传媒报道等，更起了推波助澜的作用。

赏石文化的传承与创新是一个历久弥新的话题，因为它是同一事物的两个方面；本章以灵璧石为代表的古老石种和以大化石为代表的新秀石种在审美传承与审美创新两个方面的分析，正说明了这个道理。

天作之图，五彩华章

——图纹石类观赏石赏析

　　图纹石是观赏石中的又一个大类，其主体是河滩上和河床里大大小小的卵石。可以说，凡是有河流的地方都有图纹石。我国三大河流——长江、黄河、珠江，以及东北的松花江、黑龙江，西南的雅鲁藏布江、澜沧江，西北的玛纳斯河和额尔齐斯河等大小河流及其支流，它们一路走来，将涌入河中的滚石磨砺成图纹石，或堆积于河滩，或沉积于河底。

除卵石之外，山石的切面以图纹为欣赏对象者也属于图纹石，如云南的大理石，广西的乳源彩石、彩霞石、草花石，山东的红丝石、天景石等；它们是观赏石中"网开一面"可以经人工切磨、加工的石种。此外，一些以造型石为主的石种，如灵璧石、乌江石、大化石、九龙璧、戈壁石中也能出现画面，因其形纹兼备、稀有罕见而弥足珍贵。

本章不一一介绍各地的图纹石，仅以最具典型意义的雨花石与画面石的美学特征和审美赏析为例，留一点触类旁通的空间让读者自己去发挥。

雨花石的美学特征

雨花石，色若霞、质若玉，中国人自古钟情，誉为"天赐国宝"。西方人也情同国人，赞为"东方明珠"。雨花石之美，不受地域、民族、文化背景的影响而得到普遍的认同，应该有它的内在的和外在的原因。本文拟从雨花石自然美的独特性、艺术美的创造性、人文美的传承性、科学美的现代性四个方面，对雨花石的美学特征做一番探究。

雨花石自然美的独特性

雨花石的色彩、纹理和质地得天独厚，非一般图纹石所有。

雨花石不但色相丰富，红、橙、黄、绿、青、蓝、紫、黑、白俱有，而且饱和度高，特别纯净。各种色彩的浓淡变化，色彩之间的交汇相融，变幻无穷。这种色彩的变化，在玛瑙、玉髓的半透明质地的背景下，显得光怪陆离，晶莹剔透（"鱼鸟恋歌"）；而在蛋白石质地的微透明哑光背景下，又显得浑厚静穆，端庄典雅（"五彩寿桃"）。

雨花石的纹理为色彩纹，其玛瑙石特有的同心圆纹和条带状纹的明灭变幻，蛋白石特有的动态变彩，与色彩纹的点涂、线描、晕染，交相辉映，构成了雨花石特有的绚丽多彩的画面。由于雨花石画面构成元素的多样性，其组合而成的画面形象也就具有无限多的可能性，变幻万千。

"七彩云梯"（吕晓红　藏）

"鱼鸟恋歌"（王晓钟　藏）

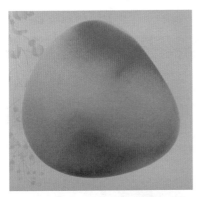

"五彩寿桃"（戴康乐　藏）

"猪八戒"（吕晓红　藏）

雨花石的色彩虽然千变万化，但从形式美的角度仍可作一些归纳，择其要者，大致有以下类别。

（1）缠丝纹：平行曲折，收放自如。

（2）条带纹：带状渐变，动静皆宜。

（3）眼圈纹：圆弧同心，意在点睛。

（4）竹叶纹：竹叶横斜，飘逸自得。

（5）柳线纹：恣意挥洒，春柳迎风。

（6）花朵纹：姹紫嫣红，石生奇葩。

（7）水墨纹：信笔勾勒，山水墨韵。

（8）卷云纹：卷曲舒展，灵动飘然。

（9）色斑纹：泼色呈斑，不拘一格。

（10）点染纹：雨落秋池，点滴成趣。

（11）晕染纹：相融相济，水彩蕴意。

（12）波状纹：泰然起伏，韵在其中。

（13）冰花纹：银装素裹，冰花晶莹。

（14）芦花纹：荻花临风，摇曳生辉。

雨花石独特的自然美，美在自然之奇。虽为天成，却与自然万象、人间百态一一契合，或具象，或意象，或抽象，无所不及，思所不能；雨花石之美，美在文彩的绚丽斑斓与构图的清新明快协调，融优美与柔美于一体；雨花石之美，美在与水结缘。雨花石生于水，移于水，赏于水。水，赋予雨花石以灵性，以柔情；雨花石之美，美在小巧玲珑。小，惹人怜爱。

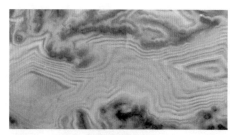

缠丝纹

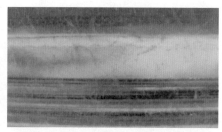

条带纹

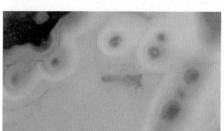

眼圈纹

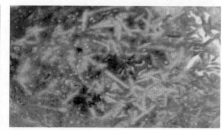

竹叶纹

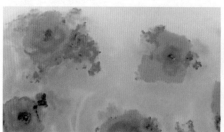

花朵纹

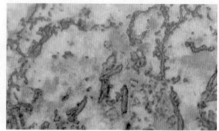

柳线纹

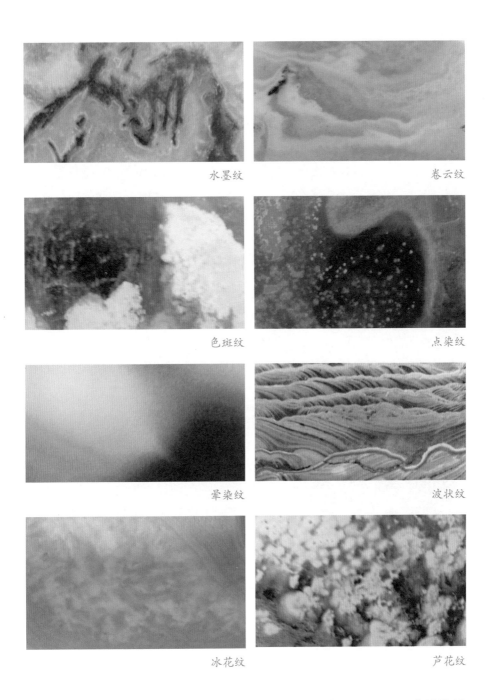

水墨纹

卷云纹

色斑纹

点染纹

晕染纹

波状纹

冰花纹

芦花纹

小可见大，又令人钦敬；雨花石之美，美在与产地的灵岩聚秀、秦淮流韵的江南风景相暗合，物华天章，令人遐想。

雨花石艺术美的创造性

观赏石的艺术美，在于对它的自然人化。对于雨花石的审美而言，这种人化不但在于对雨花石美的发现，还在于对雨花石美的创造。

如果说，我们对雨花石图像的具象、意象、抽象的感悟还只是审美发现的初级阶段的话，那么将雨花石作为情感的对象，在联想、想象以至幻想的驱动下，达到物我合一、情景交融的意境时，便是一种蕴有审美艺术创造的高级阶段了。对雨花石的审美艺术创造有意识和物质两个方面。

对雨花石意境感悟的命题、赋文，是对雨花石意识上的艺术再创造。夏光亚的藏石命题"日出江花红胜火"，不但表达了对这枚雨花石日朗花艳的当下审美体验，而且借白居易脍炙人口的"忆江南"名词，让人联想到"春来江水绿如蓝"的画外景致，显示了藏石者对该石所寄寓的"江南好"的意境感受。

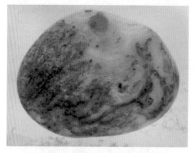

"日出江花红胜火"（夏光亚 藏）

"锦绣山河"（谢庭泽 藏）

对雨花石的赋文，则是对命题所表达的意境的拓展。池澄对谢庭泽藏石"锦绣山河"的点评："石之下方是一潭碧水，显粼粼波光，上方有一弯曲的堤埝，再向上仍是水流，形成美妙的叠泉。深处凸现一抹嫣红，宛如火花燃放山间；更深处是大块的红绿相间的色彩，风摇松柏，雨润山丹，组成一片耀眼的斑斓。自下而上一层一层向上看，曲曲弯弯，红遮绿掩，引君入境，令人目不暇接。"

更奇者，石之左上方一帘飞瀑从空而降，气势奔腾，与石下方之幽潭，经九曲回旋，作源远流长之呼应。池澄通过对该石画面上的山、林、泉、瀑的解读与抒情，引领赏析者由近及远，由低往高，神游这红遮绿掩、碧水银瀑的石中美境。丁凤龙的散文《溪山秋月》是对王伯平藏石"山居秋暝图"的艺术再创造。文中写道："……山间飞瀑直泻而下，至平缓处便横溢舒展开来，于乱石艾草中前行。冈上松影绰约可见，在秋夜中显得深沉而诡秘。月色晴好，月光如水，山岗初生，雾气渐浓，朦胧中有数个亮点闪烁，犹如野菊吐芬，秋叶流萤……"精微的观察，诗意的描绘，情感的宣泄，使这枚雨花石的意境得以提升。

"山居秋暝图"（王伯平 藏）

雨花石的组合则是对雨花石物质上的艺术再创造。雨花石的一些组合，如"岁寒三友""风光四季""金陵十二钗"等，时有新作，每有新意。雨花石友在雨花石组合上已形成了一些共识："色纹协调，体量相宜，主题鲜明。"征争的"三口之家"组合是一种复合型的组合。两粒雨花石分别作为头与身组合后，再组合成父、母、子的三口之家。难得的是人物帽与衣的色纹协调一致，虽以人为，却似天作之合。

雨花石历来为文人雅士所喜爱，雨花石的命题以意，赋文以美，组合以赏，也就成了雨花石艺术美的创造性的一大特色。

"寿比南山"（王晓明 藏）

天作之图，五彩华章——图纹石类观赏石赏析

三口之家（征争　藏）

雨花石人文美的传承性

　　人文是人类社会的各种文化现象。雨花石所承载的人文积淀之丰厚，可以上溯至 6000 年前。

　　南京博物馆对南京鼓楼冈北阴阳营新石器的考古发掘中，出土了距今 5800 年的 76 粒未经任何加工的自然砾石。考察报告说："质地多为玉髓……不乏色彩斑斓、花纹绚丽者，显示当时人们有意识采集而来，其用途可供玩赏。"雨花石是迄今有实证的人类最早的观赏石。

南京出土的新石器时代的雨花石

雨花石的收藏与赏析，到了宋代已成时尚。当时杜绾的《云林石谱》上有这样的记载："六合县水中或沙中出玛瑙石，颇细碎。绝大而纯白者，玉色。纹如刷丝，甚温润莹澈。"文中的六合县即今日的南京市六合区。到了明万历年间，大书画家米万钟任六合县令，爱雨花石成癖，上行下效，形成了盛极一时的"六合文石"收藏之风。时人姜二酉的《灵岩子石记》中说："余性好石，尤好灵岩子石，此种出六合灵岩山之涧中，而聚于金陵。余屦齿每及雨花、桃叶间，必博访其上乘者，贮之奚囊携归。以古铜盘挹水注之，日夕眈玩，心怡神赏，如坐蓬瀛，见蛟蜃吐气，结成五色，珠玑绚烂，莫可名状。"形象地描述了当时对雨花石的采集、赏析的情景和赏析时那种忘乎所以、心旷神怡的审美体验。

雨花石名称的来历，耳熟能详的是南朝梁武帝时，云光法师在南京中华门外石子岗设台说法，精诚所至，天为雨花，落地成石，故名雨花石。除了这美丽的传说外，还有"无雨隐花，落雨显花"之说，无不寄托了人文之情。

雨花石历来因名人更显名石的人文风采，从李煜、苏东坡、米万钟到老舍、梅兰芳、徐悲鸿，从1988年汉城奥运会中国体育代表团的"幸运之石"到2008年北京奥运期间携手奥运石展的"奥运之星"，不胜枚举。

以石比德是我国赏石文化中的一个传统。沈钧儒以石明志，他珍藏的一枚名为"坐看云起时"的雨花石，当是他对泰然自若、临危不惧的人生境界的一种诠释。周恩来在南京梅园时，置雨花石于案头，郭沫若赞曰："……雨花石的宁静、明朗、坚实、无我，似乎象征着主人的精神。"

雨花石人文美的传承性，表现在审美历史悠久、神话传说动人、名人名石流芳，以石比德、明志诸多方面，这是较其他"年轻"的图纹石更为突出的特色。

雨花石科学美的现代性

当人类从自然中走来，在面对自然与人生时，他不仅要知道"是什么"，还要探究"为什么"。雨花石的科学美正是对雨花石成因"为什么"的探究中的一种审美体验。

现代的地学研究成果，使我们不但知道雨花石来源于距今以百万年计

"坐看云起时"（沈钧儒 藏）

97

的第四纪早更新世的"雨花台组"砾石层，而且知道这砾石层既有秦淮河新河畔的原生态玛瑙脉的风化物，也有从古长江中上游地区远道而来的。知道了雨花石中的玛瑙、玉髓、蛋白石都是由于火山热液中带负电荷的二氧化硅胶体与带正电荷的铁、铜、锰、锶等带色元素的胶体相融汇、扩散、凝聚、沉淀才得以形成的。雨花石的奇纹异彩、明灭变幻，正是这种大自然中阴阳交汇交融的历史见证，折射出了对立统一规律的哲理的光辉。

小小的一粒雨花石，经历了火山喷发、色素浸入、胶体沉淀、风化破碎、搬运沉积的漫长的自然历史过程，可谓历经劫难，在火与水的洗礼中方成正果。

对雨花石的科学认知，使当代的赏石者对雨花石的美，平添了一种自然历史的沧桑感和哲学的启示。如果我们把雨花石的形象比喻为人的外表，那么雨花石的成因就相当于人的心灵。心灵之美的雨花石，必然会加深我们对雨花石形象美的感性体验。这，就是雨花石科学美的当代性。

雨花石自然美的独特性、艺术美的创造性、人文美的传承性、科学美的当代性，赋予了雨花石多方位、多视角的审美特征，每个人都能从中找到石与心灵的契合点，无怪乎雨花石人人喜爱！

画面石的审美赏析

河滩上的卵石是以二维平面赏析为主的图纹石，因其类似于绘画作品，又被形象地称为画面石。云南石友将大理石的山石切面中有画面者，称之为天然石画也是此意。

画面石与雨花石的不同有三：一是画面石的岩石种类复杂，沉积岩、变质岩、岩浆岩均有，但鲜有雨花石那样的玛瑙质地；二是画面石体量远大于雨花石，一般都在数十厘米见方；三是画面石的赏析方式多以配座后作供石观赏，而少有如雨花石那样置于水中赏析。

画面石的美学特征，依然离不开自然美、艺术美和科学美的范畴。但从画面石比拟为绘画艺术品来看，也可以换一个角度，从画面石的形式美和内容美（意蕴美）这两个方面来解读。

形式与内容是一对哲学范畴。形式是内容存在的方式，内容是事物内在要素的总和。作为艺术作品，通常是内容决定形式，形式表现内容，但形式有相对的独立性和继承性。形式美和内容美是一个美学的概念，艺术形象要求形式上的美；也只有美的形式才能表现美的内容。

画面石是自然创化之物，它不是人为雕琢的艺术品，不存在"内容决定形式"的前提。恰恰相反，是人们在赏析时从形式之境去感悟、去理解、去意会其内容之美和意蕴之美。

画面石的形式美

关于画面石的形式美，我们从四方面来叙述。

第一，先看看画面石的形式美由哪些元素构成。画面石以纹成图，人物走兽、花鸟虫草、山川大泽、天宇时象，无所不包，思所不及。形式美的构成元素是点纹、线纹、斑纹和它们之间的几何关系于审美的感受。这点纹、线纹、斑纹可以是色彩纹，也可以是凹凸纹或者是裂隙纹。

第二，对画面石具象、意象、抽象的感知认识。一枚画面石的赏析从对形、质、色、纹的个别要素的感觉伊始，经过大脑综合，就得到对其整体形象的一种知觉认识。这时，赏析者便会调动头脑中储

裂隙纹的形式美："巫山猿人"（蔡志成 藏）

色彩纹的形式美："富贵王子"（秦晓华 藏）

凹凸纹的形式美："傲霜"（刘昌灵 藏）

具象的画面石"镜中倩影"（陈启秀 藏）

存的各种形象记忆，也就是审美心理学上所说的"表象"与知觉互动，从而形成对图像的或具象，或意象，或抽象的认识。

第三，画面石绘画艺术的风格。画面石既然是参照绘画作品来赏析的，绘画作品的风格也就成了图纹石的画面风格。概略而言，图纹石的画面有类似油画、版画和国画的风格类型。

油画来源于西方，是用快干性油调合成颜料画于布料、木料或厚纸板上的绘画。油画风格的画面石通常是色彩丰富、饱和度高而且富于变化。

意象的画面石"喜气洋洋"
（王玉华 藏）

抽象的画面石"海洋公园"
（秦晓华 藏）

油画风格的画面石"红梅映雪报春来"（陈启秀 藏）

国画风格的画面石"乡恋"
（渺石掌 藏）

版画以雕版的方式表达画意，单色或套色。通常色彩较单一，色彩块面间分界清晰。其中的木刻凸版版画以黑白为主，刀痕明显，刀味浓厚。凹版的铜版画富有钢笔画的意趣；而平版的石版画常具铅笔素描的效果。

国画是中国的国粹，是以毛笔蘸墨汁或矿质颜料绘于宣纸或绢上的一种绘画，又分工笔、意笔、钩勒、没骨、设色、水墨等技法形式，以及勾皴点染、浓淡干湿、阴阳向背等表现手法。通常将有水墨晕染意味的画面石归作国画风格，其中以风景画面最受青睐。

版画风格的画面石
"一剪梅"
（陈宇清 藏）

第四，画面石构图形式美中的变化与统一。无论是对画面石的具象、意象、抽象的感知认识，还是对画面石的油画、版画、国画风格的认同，在进行形式美的判断时，有一个从审美实践中归纳出来的形式美法则，那便是图纹石的点纹、线纹、斑纹在构图时"变化中的统一，统一中的变化"的基本准则。变化就有了活力，画面就会灵动；统一才能协调，画面就会和谐。

点、线、斑（面）构图中的变化，包括对比与节律两个方面。对比是指色彩对比、疏密对比、虚实对比、明暗对比、动静对比和形态对比等。节律是指点的间隔与重复所表现的节奏感和线的组合、波动与旋转所表现的韵律感。如果点、线、面的节奏与韵律组合在一起，便是一种复合节律。

点、线、面在构图中的统一表现为主辅关系、均衡关系和协调关系三个方面。简单的画面通常是单层次的主辅关系，而复杂的画面则构成多层次的主辅关系。均衡关系表现为对称均衡和不对称均衡。对称均衡对于自

"天坛"（姜家明 藏）

"满目青山"（姜家明 藏）

"智僧归山"（周健　藏）

然之物的观赏石而言，殊为难得。协调关系有整体与局部的协调、局部与局部的协调和比例与尺度的协调。在比例与尺度协调上有著名的黄金分割：长：宽＝1：0.618；近似值为长宽比3：2，或5：3，或8：5。

画面石"天坛"由一组参差错落的平行线纹构成画面的主体，极富韵律之美。而中部一条竖纹将画面一分为二，形成一种对称的均衡。图纹石"满目青山"则表现出一种复合的节律，波状的线纹的重复出现形成山峦重叠的韵律，而疏密渐变的点状纹则呈现出一种树影婆娑的节奏感。

画面石"智僧归山"，长24厘米，宽16厘米，长：宽＝3：2，近似于黄金分割比例。石形上小下大，左右呈中轴对称，极富端庄沉稳之态。墨绿色的背景下，淡绿色的人形图象由中轴线倾向左方，其上衣波状的带状斑纹和膝部以下摆动的衣裳，又于端庄协调之中显现灵动与活泼。

画面石的形式美是一种美的直观感觉，更是一种美的引导与美的追求。在情感的驱动下，通过联想、想象和移情等审美心理活动和以形象思维为主的过程而进入石与人合一、境与情交融的理性境界——意境，从而获得由形式至内容的意蕴之美，获得最大限度的审美愉悦。

画面石的内容美

如果说画面石的形式美是赏析者对图纹石形、质、色、纹，尤其是对纹的形式结构的感知的话，那么画面石的内容美则是由形式美的审美表相入手，在深入观察、体验和思考的基础上，加以选择、提炼、组合，融合了赏析者的想象、情感等心理因素，形成主体与客体统一、现象与本质统一、感情与理性统一的审美意象，进而进入艺术传达。

所以，由画面石的形式美到内容美的深入过程，既是一种审美意识由形象感性到意境理性的深化过程，也是对画面石艺术美创造的体验、构思和表达的过程。

英国著名艺术理论家克莱夫·贝尔在《艺术》中提出了著名的"艺术

乃是有意味的形式"的论点。我们考究画面石的内容美，其实就是要去领悟画面石直观形式中"有意味"的内容。内容的表达包括主题表达和意蕴（或意境）表达两个层次。

画面石的主题表达表现为对观赏面和观赏角度的审视对比，以及取舍过后的命题、配座、组合和陈设。其中最主要的是命题。命题是主题的凝练表述，配座、组合、陈设都是为命题服务的。

"对镜贴黄花"（陈德福　藏）

画面石"对镜贴黄花"的配座为一副镜架，巧妙地将石中之像转化成为镜中之像，更好地烘托出了少女晨妆喜悦的主题。

命题为"花前月下""轻舟恋语"和"回娘家"的三枚画面石，组成了一个男女相悦、终成眷属的故事情节，表达了"爱情进行曲"的主题形象。

三枚图纹石组成的"爱情进行曲"（刘昌沛　藏）

画面石的命题，只要不是名不符"石"的，都会有审美的内涵。其表现手法有的直白，如"秃鹰"就以石论"实"，自然得到人们的认同；有的点题，如"脸谱"直接点明了主题，排除歧义；有的抒情，如"酒香留韵"字泛酒香，双关抒情；有的会意，如"毕加索画意"比

就石论"实"的"秃鹰"（唐勇　藏）

点题的"脸谱"（童作明　藏）

103

抒情的"酒香留韵"（蔡国萍 藏）

比附的"毕加索画意"（孙德礼 藏）

"重逢"（秦晓华 藏）

"江南烟云"（罗勇华 藏）

附名作，意会传神；有的用典，如"对镜贴黄花"用《木兰诗》的词句，引发联想。

画面石意蕴的表达是赏析者进入意境的理性审美阶段后诉诸于文字的表述，即通常所说的赋文以美。这"文"可以是散文，也可以是诗歌，可以是收藏者本人的艺术创作，也可以是他人作品的引用。黄乔以秦晓华的藏石"重逢"为题写道："你慢慢走来／走进我的视线／这样的重逢像是梦／多少年过去／深情正是曾经／如今重逢只是空／／当你和我随人群／擦身而过／请不要把思念／写在脸上／慢慢走过／静静走开／我们都别说再见／……"作者捕捉到了画面上男女虽然并肩却矜持地各朝一方的肢体语言，以其中一人的独白深化了"重逢"的内涵，让这一枚自然造化之石承载了一种回味与无奈交织的离愁别绪。而这种离愁别绪作为一种艺术美的表达，人同此心，心同此感，就更能够激起再赏者的心灵共鸣，从而使其不仅在形式上，而且在内容的意蕴上更具魅力。

邹炳文在《诗歌散文等体裁在赏石文化中的作用与实践》一文中，将画面石的文化鉴赏归纳为"根据石头表象上的图纹、形状，用我们掌握的文化知识去应对，去解释这些图案形状所要表达的内容"。我们从他对罗勇华藏石"江南烟云"赏析中可以体会到他是如何由这枚画面石的形式美入手，逐渐深入到对其内容美的文读诗赏的意蕴之中的心历路程。首先，他对该石的画面做了以下的解析："晨曦、暖照、水乡、泽国，是这枚美石的造化。饱满、清亮、疏密、淡雅，是这枚奇石的亮点。想把它的内涵展开，倒还需要心入其石，思发情怀。"然后，以散文的形式做了文读："薄薄的雾，刚刚儿撕开，抹着淡淡柔和的天际，醒来了，携带着晨光，田家的树，懵懵儿站起，穿着凉凉轻薄的纱缦，伸展了，抖擞着露珠，水在田里躺着，等着彩霞，想把美丽溶入怀抱，润泽那萌芽的苗秧。她心细地等待着秋唱。船在湖里游着，撒着鱼苗，要把希望种在心里，陪着那鱼儿的欢快她舒心地吟唱着渔歌。朝阳出来了，树木葱绿了！水田湖荡荡漾着一天的辛勤，人们在这恬静的画面里，笑了！"最后，他以诗歌作结："山清水秀国／烟云托朝阳／／北寨风低草／江南粟米黄／／东山临碧水／大漠孤烟长／／石中出斯文／唯我鱼米乡。"

本章以雨花石为例，具体说明了图纹石类观赏石的自然美、艺术美、科学美，以及人文美的审美特征。又以画面石为实例分析了审美时如何由形式感悟到主题，再由主题到配座、组合、陈设和赋文，即由感悟到理性。这亦是艺术创造由体验到构思和传达的过程。特别是赋文，只有赋文才能在人石相融的意境表达中深入到人与石的内在的审美意蕴。

审美特征的解析和赏析过程的递进是观赏石审美的两个方面，不仅于雨花石和画面石如此，对所有的观赏石而言，概莫能外。

美轮美奂，晶莹剔透
——矿物晶体类观赏石赏析

    中国传统文化的观赏石是以造型石和图纹石为主体，现代观赏石的一个大类——矿物晶体石完全处于"稍带"的地位。目前能够查得到的中国最早有矿物晶体石记载的是《云林石谱》，书中将华严石（叶蜡石）和石绿（孔雀石）列为奇石，但并没有将其作为一类单独的矿物晶体来对待。

矿物晶体类观赏石的收藏和鉴赏源于文艺复兴之后的西方工业化国家，发端于矿物学和岩石学初创之后，矿物标本的收集和收藏激发了观赏矿物晶体的热情，迄今至少也有两三百年的历史了。我国赏石界是在二十世纪八十年代改革开放之后，才有较多的石友对矿物晶体石类观赏石发生兴趣。进入二十一世纪，这支赏石队伍在北京、新疆、湖南、四川、湖北和贵州等省（市、区）迅速壮大。

其实，我国矿物晶体石资源是十分丰富的。除了比较常见的石英、水晶、方解石、黄铁矿等，不同地区都产有具地域特色的矿物晶体石。例如，二十世纪五十年代就蜚声国内外的新疆阿尔泰可可托海三号脉产出大量结晶粗大、颜色鲜艳、极具观赏性的宝石级的绿柱石、电气石、锂云母、锂辉石和黄玉；除新疆之外的西北诸省区还产有石榴子石、绿柱石、锂辉石，

相关链接

从成矿作用来看，不论是沉积作用、岩浆作用，还是变质作用条件下，或者在某一种成矿作用的某一个阶段，只要环境和条件允许，都有可能形成形态优美、颜色鲜艳的矿物晶体；不过，相对而言，在岩浆作用的后期或晚期，即所谓的岩浆期后热液阶段和伟晶岩阶段，由于矿液含有较多的挥发分，又有允许结晶的空间，更容易出现色彩鲜艳、晶体硕大的矿物。

一般来说，岩浆作用和变质作用过程中生成的矿物温度较高，都在七八百摄氏度甚或上千摄氏度；岩浆期后热液阶段又分为高温阶段（300~500℃）、中温阶段（200~300℃）和低温阶段（50~200℃）；这些相应的阶段与矿物生成时在地壳中的深度有关。沉积作用形成矿物的温度就更低了，一般为常温。

伟晶岩是岩浆演化后期，富含挥发分的硅酸盐残浆侵入围岩的裂隙，缓慢结晶而成的巨粒或粗粒结构的岩石，常呈脉状产出。由于残浆中富含氟、氯等挥发分，金属元素和稀有元素，因而能形成颜色鲜艳、粒度可达几厘米至数米的晶体。新疆富蕴县可可托海地区三号（伟晶岩）脉富含铍、锂、铌、钽等稀有金属，不仅是一个超大型的铍矿床，而且是著名的宝石级矿物晶体的岩脉。

以及水晶晶簇、钠长石晶簇等。素有"矿物晶簇王国"之称的西南地区，产出形成温度相对较低的辉锑矿、辰砂、萤石、雄黄和水晶等为代表的低温热液矿物。以湖南、湖北和江西为代表的中南地区，则主要有与接触变质岩共生和产于高温－中温热液阶段的矿物晶体，以及孔雀石、香花石、方解石和钨矿物，都深受矿物爱好者的青睐。

此部分拟从矿物晶体作为观赏石应具备的基本条件、鉴赏品评和晶体的分类赏析三个方面，阐述矿物晶体之所以"美"的真相。

矿物晶体的观赏石"资格证书"

世界上已发现 4000 多种天然条件下形成的矿物，而且每年以发现七八个新矿物的速度在递增。但是，能达到观赏矿物要求的所占的"份额"却极少，也就百十种左右。矿物晶体要能拿到一份观赏石"资格证书"，至少应该具备三个基本条件：观赏性、稀有性和无害性。

观赏性

天然的矿物和岩石之所以能称为"观赏石"者，第一要素是应该具备特有的自然美；同样，矿物晶体的观赏性就是以其特有的自然美为前提的。经过雕琢和磨制的以人为艺术美为主的雕塑作品和宝石制品，自然不属于观赏石的范畴。

矿物晶体类观赏石的自然美，包括晶体的自然形态美和颜色美，也表现为晶面的光泽美和晶体中包裹体的形象美。

矿物晶体的自然形态美

晶体的自然形态美在于它的规则性的对称之美、矿物集合体中晶体形态重复的韵律之美，以及不同矿物集合体晶体之间的变幻之美。

晶体结构是一种周期性的结构：以其内部原子、离子、分子在空间作三维周期性的规则排列。

在本书有关科学美的论述中，我们曾分析过形成完美晶形的三个充分而必要的条件：充足的矿液供应，充分稳定的物理化学条件，充裕的结晶空间。

矿液是形成矿物晶体的物质基础。包括其成分，元素种类、含量及各元素之间的比率关系，以及矿液的供应方式（是"汹涌澎湃"，还是"细水长流"；是连续供应，还是间歇式供应），都是形成矿物种类、矿物总量和晶体完整程度的关键。

物理化学条件是指成矿时的条件。除了温度和压力之外，还包括氧化还原程度（Eh）、酸碱度（pH值），以及它们保持一定程度的延续时间（某个成矿阶段的时间长短）、变化次数（成矿阶段的个数）和成矿部位的深浅。

结晶空间除了裂隙和脉壁的大小、形状外，还包括裂隙系统和矿液的导流、通畅程度等。

能够同时完全满足这三个条件的情况是十分罕见的，因此晶形完美矿物非常难得。自然界更多的情况是以矿物单体形态的变化与"畸形"而表现出天然的多样性。

一是同一种矿物经常会有一种以上的晶体形态。虽然每一种矿物只有一种晶体结构，但成矿条件的变化（例如温度的不同），就会形成变化多端的晶形，虽然这种晶形也是这种矿物所固有的。

二是三个条件常常很难同时得到满足。即使是微小的矿液供应波动或结晶条件的变化，都会造成矿物的"畸形"：出现矿物的双晶、连晶和歪晶，或者形成矿物的"独居""群居"或"杂居"。"独居"是单个矿物的独

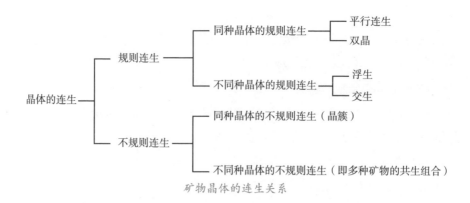

矿物晶体的连生关系

　　矿物包裹体是被圈闭于矿物晶格缺陷、窝穴、位错或微裂隙中的已结晶的籽晶或成岩成矿流体，它们与主矿物之间以明显的相界线而区分（即表明为两种矿物或两种物质）。发晶是包裹有针状、发状、片状或纤维状矿物籽晶的透明矿物。被包裹的矿物常有阳起石石棉、角闪石、电气石、钛铁矿、云母和辉铋矿等。呈细毛发状或纤维状者称为发晶；稍粗的纤维状矿物则称为鬃晶。液体的主要成分是水，在阳光下晃动时呈变色效应。主矿物常为石英、玛瑙、水晶和石膏等。

立生长；"群居"和"杂居"统称为矿物连生。"连生"又分同种矿物和不同种（多种）矿物的有规则连生或不规则连生。其中"晶簇"（同种矿物的规则连生）和"矿物共生组合"（多种矿物的不规则连生）最为常见，也是矿物爱好者最为青睐的对象。

　　这些连晶、歪晶、双晶和共生组合不仅造就了矿物形态的多样性，提高了矿物的观赏性，也是矿物学家研究、探讨的对象。

　　三是一种矿物在形成时，常常会把其他的矿物或来不及结晶的矿液包裹到自己的晶体中，称为"矿物包裹体"。例如水晶和玛瑙中常常看到的"发晶"就是"固体包裹体"，"水胆"是"气－液包裹体"（或称"流体包裹体"）。石质好、形象美的水胆石（如水胆石英和水胆玛瑙）十分珍贵。晶体中的包裹体为矿物晶体平添了一种神奇的形象美。

矿物晶体的颜色美

　　在科学美的矿物颜色的自然创化中，我们曾谈到矿物颜色的起因。简单说，透明矿物的颜色就是能透过它的光波波段所代表的颜色，不透明矿物的颜色则取决于被矿物表面反射掉的光波波段的颜色。

　　仔细地分析一下，造成矿物晶体石颜色的多样性有如下几个原因。

　　第一个原因是矿物中含有一种或多种过渡金属元素，现在我们看一看到底哪些元素和什么价态的元素造成什么颜色：Ti^{3+} 使钛辉石和钛金云母呈紫色；V^{3+} 和 Cr^{3+} 使钒石榴石、铬绿泥石、钙铬榴石和祖母绿呈绿色；Mn^{3+} 使锰绿帘石、锰黝帘石、锰红柱石和锰黑云母呈红色；而 Mn^{2+} 使蔷薇辉石、锰辉石、钙蔷薇辉石、锰铝榴石和镁锰闪石呈蔷薇色；Fe^{3+} 使绿

奇珍：两种产于不同地区的连生矿物的颜色，不具自身矿物的颜色，而显示地区性特色

帘石、钙铁榴石、钙铝榴石和符山石呈红、褐或褐绿色；而 Fe^{2+} 使铁铝榴石、堇青石、绿柱石（海蓝宝石）和铁镁硅酸盐类矿物呈现绿、褐或黄色；如此等等，不胜枚举。

含有某种元素而呈现不同颜色的例子，莫过于巴西两个地方发现的两种不同矿物（钙铬榴石与菱镁矿）由于所含的元素不同而凸显各自的地区"特"色：这两处两种矿物的连生体颜色相近，却与别处的同种矿物颜色大相径庭。

第二个原因是矿物形成时所处的环境，也就是矿物在生成过程中及其生成之后受到氧化－还原作用而产生其他颜色。常见的变价元素铁、锰铜、钛等：Fe^{2+}、Fe^{3+}，Mn^{2+}、Mn^{3+}，Cu^{2+}、Cu^{3+}，Ti^{3+}、Ti^{4+} 等。在发生氧化作用时，低价元素（Fe^{2+}、Mn^{2+}、Cu^{2+}、Ti^{3+}）就相应转化为高价（Fe^{3+}、Mn^{3+}、Cu^{3+}、Ti^{4+}）；发生还原反应时，便向反向转化，由高价变成低价，从而使矿物呈现不同的颜色。

第三个原因是矿物中混进了机械混入物，包括带色的杂质矿物或气－液包裹体。如石英的结构中如混入紫色、蔷薇色或黄色的离子，便成了紫色晶、蔷薇水晶或黄晶；人造水晶就是根据这个道理着色的。

第四个原因是其他物理因素所致。方解石和白云母的晕色、辰砂的锖色和木变石的变色都属于这个原因。

特别应该指出的是，每种矿物固然都有自己独特的、相对固定的颜色，但是由于所含元素种类与含量的变化和形成环境的多样化，而会呈现不同的颜色。譬如石英、萤石、方解石甚至绿柱石等，都有颜色的多样性。更有意思的是成分的复杂性，一枚矿物的不同部位竟会呈现两三种颜色；这种情况常常见于电气石。

矿物晶体的光泽美

矿物晶体的光泽是晶面对光的反射能力的表现：反射率愈高，光泽就愈强烈。光泽的美是一种外观的形象美，不同形态、不同颜色的矿物晶体石加上它们在阳光下发出的不同光泽，确实为观赏石增添了奇光异彩，给我们更多美的享受。

稀有性

矿物晶体石中观赏石的稀有性包括三个方面。

一是这种矿物本身在自然界就很稀少，因而可供观赏的晶体就更加少，更显得弥足珍贵。譬如，金刚石的生成条件非常苛刻，晶形完好者更是少见，产量很少，是一类难得的观赏石。

二是某种矿物在自然界的储存量并不一定少，但能够形成可供观赏的（如晶体的形态、颜色、包裹体，或与其他矿物的共生组合）的情况很少见，甚至非常罕见。譬如，橘红色的钒铅矿、金黄色的钙铝石榴石、多色的电气石、晶形完美的鱼眼石、膝状双晶的锡石、天蓝色的绿柱石、橘红色的白钨矿，以及磷氯铅矿与白铅矿的连生，少见的黄铜矿的晶形等。

金刚石晶体：八面体 + 菱形十二面体（辽宁）

辰砂"三宝"，产地：贵州铜仁，整体尺寸：30厘米×27厘米×15厘米。一块标本上有三颗硕大的辰砂晶体，自左至右：7厘米×6.5厘米×5.5厘米，6.5厘米×4.5厘米×5.5厘米和4厘米×4厘米×5厘米（杨晓红　藏）

三是这种矿物晶体虽然在形态、颜色、包裹体等方面并无特异之处，但因其体量特别大而显得奇特稀有。如江苏东海县的"中国水晶王"，长1.7米，重3.5吨。而世界最大的水晶晶体竟长5.5米，重40多吨。不过，这种体量的比较是相对同一矿物晶体而言的。如辰砂的粒径通常在1毫米左右，二十世纪九十年代美国内华达州发现一颗长2.5厘米的辰砂晶体，曾被称为"世界之冠"。而我国贵州一位石友收藏有一颗8厘米×7厘米×6厘米大小，重近600克的辰砂晶体，才是名副其实的"辰砂王"呢！

无害性

"观赏"是一件美好的事业。以观赏为目的的矿物晶体，最低要求当然是不能对人体有危害。

除了含有放射性的铀、钍等元素的铜铀云母、钙铀云母和烧绿石等，一般来说，矿物晶体石很少含有危害性物质。对那些怀疑含铀、钍的矿物，必须在专家指导下，经放射性安全检测后才能决定取舍。特别是不可随意收藏颜色非常鲜艳的"嫌疑"矿物，更不可长期放置于卧室、客厅、办公室等休憩和工作场所；即使作为矿物标本保存，也要按规定加以防护。

还有一些矿物，虽然主要化学成分中并不含有足够对人体有害的放射性元素，但风化后有可能产生有毒有害成分（例如锆石、方铅矿和红铊矿等），也应该采取预防措施。

红铊矿的开采就是一个教训。二十世纪七八十年代，贵州兴仁县滥木厂地区的农民误以为这种红色的矿物是辰砂，于是挖洞采掘，经矿老板检验，结论是"不合格"。于是开采的"矿石"废弃于坑内，或与废石一起堆积于坑

铜铀云母

口。久而久之被人所遗忘。但红铊矿中的铊元素却因为风化作用而悄悄地从红铊矿中"溜"到土壤和水中，并且随着水"漫游"到相当大的一片地区。铊（Tl）是一种剧毒元素，轻度铊中毒会出现头晕、耳鸣、食欲不振和四肢疼痛，短时间内头发脱光（俗称"鬼剃头"）；重

度中毒则全身肌肉剧烈疼痛、萎缩，双目失明。这个事件造成了全球首例由地质－地球化学原因引起的铊中毒。这说明即使是藏石和赏石这样的文化活动，也很有必要提高科学文化素质，多学点科学知识于己、于人、于社会、于环境都有益无害。

矿物晶体的鉴评

矿物晶体的鉴评综合各方面的知识可以归纳为形态鉴评、光学性质鉴评和保存性鉴评。

形态鉴评

"独居"的晶体

对单个矿物晶体来说，主要从矿物本身出现的概率、完美晶形的稀少程度、晶簇的稀少程度、晶体的完整程度和协调性等方面来鉴评。

单一矿物晶形要看它是否标准、完美，晶棱、晶面发育是否完整，歪晶是否奇特，有否平行连晶或双晶等。这就要掌握较多的晶体矿物学知识，了解不同矿物所属的晶系和双晶类型等。

矿物本身愈罕见，也就愈稀奇，它的观赏性和收藏价值就愈高。这就是"物以稀为贵"的道理。如辰砂主要形成于相对较低温的环境，与区域成矿地球化学特征密切有关，它的颜色呈很惹人喜欢的鲜艳红色，但一般很难能找到晶形完美、个体硕大的晶体，因而成了赏石界的抢手货。

在鉴赏时特别要注意矿物晶体的整体形态是否奇特，不同组合中晶体形态、颜色和分布是否协调。如晶体几何形态的完整程度，晶体与晶簇是否带有岩石（脉壁）的基底，以及采集及运输过程中有无缺损或断裂。如图纤水碳镁石：整体外形协调和谐，颜色鲜艳而分明，犹如一枚打开的鸡蛋壳中藏着嫩黄色的小鸡雏，煞是可爱。但是，纤水碳镁石是一种细纤维状的矿物，在采集、运输、收藏过程中很容易受到损坏，在欣赏过程中也

纤水碳镁石，尺寸：26厘米×15厘米×15厘米（郑利诙　藏）

要慎之又慎，轻拿轻放。

"群居"的晶体

实际上自然界出现最多的还是不同矿物的群居。用专业的角度看，有成因上的联系，称为矿物共生组合；而"伴生"只考虑它们在空间上在一起，分不清（或不讨论）它们在形成时间上和成因上是否有关系。要确认矿物的共生组合或伴生，需经仔细的研究，当然有重要的科学意义，初学者一般无须做到这一点。从表观上看，它们都丰富了矿物的多样性，提高了矿物晶体的观赏价值。"群居"的晶体通常有以下几种情况：

例如，在生成机制上的共生、伴生或是二次结晶，在生成顺序上是否有穿插、包围、变化，以及组合上的形态和色泽变化的形式美与内涵美。

一些所含元素性质相似、结晶温度相近的矿物，常常共生在一起，分布错落有致，颜色搭配协调，成为天然的组合"作品"。

从本质上说，包裹体也是一种特殊的矿物共生组合，它们之间的区别在于，包裹体表现为"内在"形式，而矿物共生组合则是一种"外在"形式。从观赏石的角度都要求它们排列有序，个体较大，最好能组成一定的图案。

光学性质鉴评

除了矿物的晶形，颜色、透明度、光泽和一些特殊光学性质是鉴赏矿物晶体的重要要素。

颜色

每一种矿物晶体都有自己最常见、少见和罕见的颜色。例如，绿色是萤石最常见的颜色，而绿色的水晶就十分罕见了。一般来说，同一颗矿物晶体只呈现一种颜色，如发现有双色甚或三色的矿物晶体，就属于罕见的了。

罕见的黑砂晶体，尺寸：4.5厘米×4厘米×6厘米
（杨晓红 藏）

透明度

一般来说，要求矿物晶体石的颜色要鲜艳，透明度好，但常常是"鱼和熊掌，不可兼得"，因为颜色会影响透明度。一些半透明的矿物往往会"改变"原来的颜色。例如，辰砂当然以红色为上乘，但如果发现呈黑色，在强光照射下又显示其本色——血红色，这种"黑砂"是十分难得的。

光泽

光泽是不透明和半透明矿物的特征，也是鉴别和欣赏矿物晶体的主要特征之一。晶体的光泽分为：金属光泽（金属般的光亮，不透明，如方铅矿）、半金属光泽（呈弱金属般的光亮，一般不透明，如黑钨矿）、金刚光泽（金刚石般的光亮，半透明，如雌黄）和玻璃光泽（玻璃般光亮，透明，如方解石）。矿物的光泽愈强愈好，即使是玻璃光泽或亚玻璃光泽，如果搭配得当也是很有观赏价值的。记得二十世纪七十年代，笔者在湖北大冶铁矿看到一款手掌大小的孔雀石晶体，绿色之中由于不同晶面光泽的差异，犹如夜幕中闪闪发亮的星星，令人久久不能释怀。

黄铜矿的金属光泽　　　金刚石的金刚光泽　　　萤石的玻璃光泽

不同矿物的光泽美

具双折射性质的冰洲石

特殊的光学性质

特殊的光学性质指对观赏石有观赏意义的性质，如磷光、双折射和不同光源下的变色效应等。能发磷光的萤石可制成珍稀的"夜明珠"。

透明度特别好的方解石称为冰洲石，它具有双折射性质，透过它的一条直线神奇般地"变成"了两条线。

矿物在不同光源下显示不同的颜色，也会大大提高观赏性。例如，有的钙铁榴石在日光下呈黄绿色，而在白炽灯下呈深亮红色。

最珍贵的是一种会变色的金绿宝石，宝石界称为亚历山大石，因为能变色亦称为"变石"。它能变色的原因是含有微量的铬和钒。也许有人会问，祖母绿和红宝石也含有铬元素，为什么不会变色？这就是金绿宝石中的微量元素能选择性地吸收不同光波之故，加上 Cr^{3+} 在三种矿物中的电子跃迁能级的差异（在金绿宝石中的跃迁能级刚好位于祖母绿和红宝石之间），便使金绿宝石"一石两颜"，兼有其他两种宝石的"效果"：白天是自然光下的祖母绿，夜间是烛光下的红宝石。

保存性鉴评

晶体的保存是指矿物晶体在抗腐蚀、抗风化性能上所表现的物理稳定性和化学稳定性。

细小矿物的晶体，或呈针状、纤维状（易折）的矿物，在采石和藏石过程中应该特别予以保护。还有一些矿物的化学成分在常温常压下都会起变化，所以收藏易溶化的岩盐晶体和易氧化的黄铁矿时都应采取保护措施，例如，橱柜中放置干燥剂或将其固封在有机玻璃中。

矿物"万花筒"的赏析

这一节我们从晶形、颜色等角度来欣赏矿物晶体石这个"万花筒"。

多姿的晶形赏析

大家知道，矿物是三维方向发育的几何体，根据矿物晶体的对称性特征，科学家把它们划分为等轴、六方、三方、四方、斜方、单斜和三斜等七个晶系，它们包含了 32 个对称型。七个晶系又归纳为三个晶族。各个晶系都有自己常见的理论形态和常见的实际矿物晶形。下图是几个矿物完好的结晶形态；这些优美的晶形和平直的晶棱所组成的五花八门的"图形"，恐怕是玩具"万花筒"所远不能及的。

石英　　闪锌矿　　鱼眼石　　锡石　　萤石

晶形发育良好的 β-石英（六方双锥）、闪锌矿（菱形十二面体）、鱼眼石（四方双锥）、锡石（四方双锥＋两个四方柱）和萤石（八面体＋立方体）

但是，自然界产出的矿物不会都是这样规则的，有时候一种矿物长出几种形态，我们称它为"一石多花"，有时候会长出与正常晶形完全不同的晶形，甚至有"畸形"或"怪胎"。

"一石多花"

"一石多花"的现象比较常见。一些很常见的矿物，如石英、方解石、石膏和黄铁矿等可以在相当大的温度范围和压力区间形成。因此，不同的温度和压力下形成各异的晶形也就不足为奇了。

飞龙在天

蜘蛛（卷曲石膏，张艺　藏）

两种不多见的石膏晶形

左图是常见的石膏的多种多样的晶形，虽然石膏的颜色比较单调，但从观赏的角度说，这种多样的晶形恰好弥补了颜色平淡的缺陷，提高了观赏性。

或许有人会问：不是说"每种矿物有自己特有所属的晶系"吗？为什么同一种矿物会有不同的晶形？应该说明的是，矿物所属的晶系是指它的内部结构，而矿物的外部形态取决于形成时的外部条件，矿液、物理化学条件和结晶空间都足以影响矿物的晶形。

作为一类观赏石，"一石多花"为矿物晶体增添了欣赏的多样性，引发了无限的乐趣。有的石友就专门收藏不同形态的方解石、石英、黄铁矿，探讨在什么条件下形成这样多种多样的形态，乐此不疲。在自然界，光是方解石就有 600 多种不同的结晶形态。

"一石多花"在自然界是一种普遍的现象，上面几张照片只是"冰山一角"；有兴趣的石

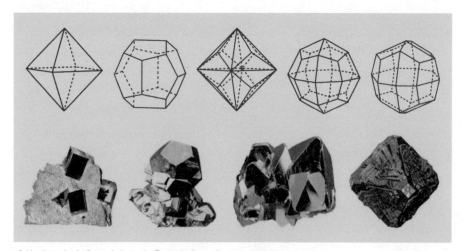

黄铁矿可能的晶形（上）和常见的晶形（下）（据秦善）

友不妨动手收藏，也借机多学点矿物学知识。

"畸形"矿花

这里说的"畸形"只是相对于一般的单个晶体而言，包括各种"孪生""群居""杂居"和矿物的"寄生胎"，换成专业用语就是矿物的"双晶""共生组合""伴生"和"包裹体"。它们是矿物晶体石多样性的表现，蕴含着丰富的自然美和科学美。

矿物的"孪生"有两个含义：一是指两个矿物晶体连生在一起，二是指矿物的双晶。前者只是同种矿物的两个不同晶体生长在一起而已。双晶是指两个长在一起的晶体必须具晶体矿物学的意义：它们的两个单晶之间必须是镜像对称。

下图收集的是几个矿物双晶。图上方是方解石的接触双晶及其他几种双晶的矿物学图解，图下方是锡石膝状双晶及其图解。通过这些图解证明它们是符合晶体矿物学规律的，是一种规则连生。所以，双晶在矿物学上也称为"孪晶"。

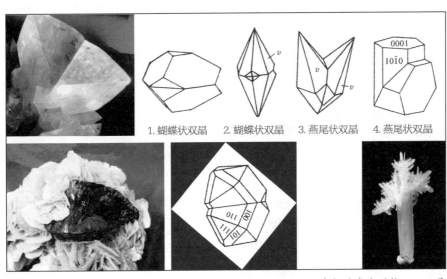

1. 蝴蝶状双晶　2. 蝴蝶状双晶　3. 燕尾状双晶　4. 燕尾状双晶

有趣的孪生矿物——双晶

自然界所见矿物的"群居""杂居"和"寄生胎"就多啦，都是因为地质成矿条件的变化而形成的。下图是几组颇有观赏性的"杂居"和"群居"矿物。

真与美的结晶

雅俗共赏的赏石文化

122

绿柱石与白云母晶簇，产地：四川雪宝顶，尺寸：高9.3厘米（刘光华 藏）

菱镁矿与石英共生，尺寸：13厘米×16厘米×9厘米（郑利该 藏）

天然的"插矿"艺术品：重晶石、萤石与石英共生

石英、方解石与辰砂共生，尺寸：10厘米×4厘米×6厘米（安红 藏）

　　这里特别推荐诸位欣赏左图所示的一方矿物共生组合"镜框"。首先是它的外形天然地符合最美最协调的黄金分割定律，达到自然美的高级状态：整体上由白色的重晶石围绕三分之一边框组成一幅人工的"镜框"，然后嵌入多种天然矿物。其次是"镜框"中错落有致地分布着多种矿物，布局显得完整而协调。如果将它与"插花艺术"相比，它是一幅当之无愧的绝妙的天然"插矿"艺术品。

　　左下图这枚"雪山一点红"，一颗血红色的辰砂天然"插放"在白色和无色透明的"雪山"之坡，正合了"雪山一点红"的题名。

　　矿物连生现象中，还有两种情况颇具特色。一种是两种颜色反差

橘红色的白钨矿，产地：四川雪宝顶，
尺寸：高 12.2 厘米（刘光华　藏）

连生的磷氯铅矿与白铅矿，产地：广西，
尺寸：2 厘米

特别大的矿物连生。上图的两种矿物共
生，两矿物颜色的反差颇大，一张是清
淡质朴中显出庄重，另一张犹如雪地上
透露出一股浓浓的春意。

　　另一种是同种矿物不同晶形的连生。
右图的葡萄状与薄片状钼铅矿连生，虽
然二者颜色相近，晶形却大相径庭。

　　生物界的并不多见的"寄生胎"，在
石头世界中却很常见，这就是上面说到
过的矿物包裹体和气－液包裹体。不过
这里说的"很常见"是从矿物学、岩石
学的角度说的。如果不信，你在岩石薄
片的显微镜下看一看，火成岩中这些包
裹体几乎比比皆是。但是从观赏性来说，
这种"石中奇花"则是可望不可求的了，
只有那些含有针状、毛发状金红石、电
气石、辰砂、雄黄、自然金和云母的发
晶，或者看得见、摇得动的个体较大的
水胆，才有较高的观赏性。倘若这些矿

葡萄状与薄片状钼铅矿，产地：
墨西哥，尺寸：4.3 厘米

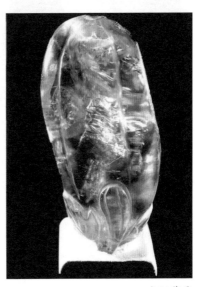

水胆紫晶

123

物包裹体能在晶体中构成美丽的画面，就弥足奇珍了。一些含包裹体的观赏石甚至"升级"为"宝石"，成为戒面、耳坠和项链的首选材料，颇受女士们青睐。

多彩的颜色赏析

世界上4000多种矿物排列一下，可以组成一个五彩斑斓的矿物世界特有的"色谱"：红、橙、黄、绿、蓝、青、紫，各色俱全。

发晶：1. 石英的电气石发晶；2. 淑女（水晶的云母包裹体，魏丽萍　藏）；3. 乌鸦与麻雀的故事（水晶中的包裹体，魏丽萍　藏）

"赤橙黄绿青蓝紫，谁持彩练当空舞？" 1. 红色——辰砂（粉末）；2. 橙色——彩钼铅矿；3. 黄色——雌黄；4. 绿色——孔雀石；5. 蓝色——蓝铜矿；6. 黑色——黑色电气石；7. 白色——斜长石

看一看这个"万花筒"的一景，可增加更多有关矿物颜色的感性知识。

在前文，我们曾谈到过矿物颜色的成因，但那都是从普遍性的角度讲的，由于矿物生成时和生成之后的环境变化实在太多样化了，这里还是需从矿物个体意义上举例说明三种情况。

第一种情况是同一种矿物由于所处地质－地球化学环境的差异，由于含有不同的致色元素，而造成"同矿异色"。除了最典型的石英（常有无色透明、黄色、玫瑰色、烟色、紫色和黑色）外，萤石和绿柱石也常常是这支"多色矿物队伍"中的一员。

多种颜色的萤石：1.绿色萤石；2.粉色萤石；3.淡黄色萤石；4.蓝色萤石；5.紫色萤石

美轮美奂，晶莹剔透——矿物晶体类观赏石赏析

125

多种颜色的绿柱石：1. 墨绿色绿柱石；2. 橘红色绿柱石

第二种情况是，同一颗矿物由于不同部位含有不同的元素而显示不同的颜色，使这颗矿物成了一块"调色板"。上一节曾提到金绿宝石的"一石两颜"：白天是祖母绿，夜间是红宝石。

第三种情况是上述两种情况同时出现。以电气石为例，它是一种化学成分颇为复杂的含铝、钠、铁、镁、锂的环状（结构）硼硅酸盐矿物。根据所含次要元素 Mg、Fe、Mn、Li 和 Na 含量的多少，多种电气石随着成分的不同而显示不同的颜色：富含 Fe 的电气石呈黑色，富含 Li、Mn 和 Cs 的电气石呈天蓝色或玫瑰色，富含 Mg 的电气石常呈褐色或黄色，富含 Cr 的电气石则呈深绿色。同一颗电气石呈双色的，就是由不同部位微量元素含量不均匀所致。

电气石"调色板"：1. 天蓝色的电气石；2. 红色电气石；3. 双色的电气石

相关链接

电气石的化学成分复杂，是一种颜色多样的宝石矿物；因其晶体两端带有正负电荷具热释电效应而得名。最早发现于斯里兰卡。644 年，唐太宗将征西时得到的一种宝石称为"碧玺"，并将其刻制成印章作为自己的玉玺。我国曾将其音译为"托玛琳"。

历史沧桑，生命欢歌
——古生物化石类观赏石赏析

中国古代很早就对古生物化石有了比较深刻的科学认识，传统的赏石文化中也较早出现过古生物化石的描述和鉴赏。

《周易·谦卦象辞》中说"地道变盈",即是指地形的高低是不断变化的。唐代著名的书法家颜真卿对这种地形变化有自己独特的见解,他在《有唐抚州南城县麻姑仙坛记》中以高山上发现螺蚌壳来证明"沧海桑田"之变。他说麻姑山"东北有石崇观,高石中犹有螺蚌壳,或以为桑田所变"。唐代著名诗人韦应物还有一首咏琥珀的诗:"曾为老茯神,本是寒松液。蚊蚋落其中,千年犹可觌。"诗中的"曾为老茯神"引自《博物志》上的"松柏脂入地千年化为茯苓,茯苓化为琥珀"的典故。这首诗简直可以称为是现代的科学诗,科学且活灵活现地描绘了琥珀中所含昆虫化石的形成过程。到了宋代,沈括在《梦溪笔谈》中明白地指出:"……山崖之间,往往衔螺蚌壳及石子如鸟卵者,横亘石壁如带。此乃昔之海滨,今东距海已近千里。所谓大陆者,皆浊泥所湮耳。"这是对化石再明白不过的科学描述。

现代地层古生物学发端于十九世纪晚期至二十世纪初,是随着现代工业的兴起和现代地质学、地层古生物学而建立和发展起来的。古生物化石作为生物进化的实证和地层断代的标志,受到前所未有的重视。在西方,古生物化石与矿物晶体石一起,首先得到博物标本爱好者、地学爱好者和生物学爱好者的青睐,并逐渐被观赏石爱好者所接受,为本来仅有科学性的古生物标本增添了人文的魅力。

我国是世界古生物化石的宝库,近三四十年来的科学研究和民间收藏,使新发现的几个化石宝库驰名全球,使古生物化石在自然科学和人文科学两个方面发挥了巨大的魅力。化石作为观赏石的一员,在自然美的基础上增添了更多的科学美和艺术美的色彩。

本章将分别从化石的分类、化石类观赏石的基本要求和化石类观赏石的分类品评与赏析,为读者展现一个古代的生物世界和古生物化石的审美视域。

化石家族

什么是化石?化石是石化了的古代生物的遗体或它们的活动遗迹。它们通常深埋于地层之中,由于地壳的构造运动而出露于地表。

上述关于化石的定义既限定了化石的含义，也是区别真假化石的有力武器。所以收藏和鉴赏化石首先要甄别化石家族的真假成员。

"真假李逵"

这里所说的"真"与"假"不包括人工雕刻的假化石，而是鉴别天然产出的化石。具体的有两种情况：一是似是而非的"化石"，二是并非古代的生物经石化而成的"化石"。

第一类是指状似化石的假化石。

例一，图纹石中的草花石和模树石常常被初学者误认为是植物化石。草花石多见于水冲石，是铁质和锰质随河水或地下水在岩石紧闭的裂隙或裂纹中流动、渗透、扩散、沉淀而成。模树石多见于山石，是流动、渗透和扩散于岩石的层理、节理中的含有棕黑色的铁质、锰质氧化物（或氢氧化物）的地下水，因温度、湿度等条件的改变而沉淀的物质，不可能像化石那样有立体感。有时候铁锰质大面积扩散形成各种花纹，就会露出"真

自左到右分别为青田石、黄龙玉和巴林石中的草花石

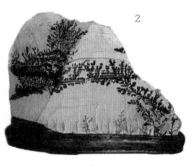

1. 产于岩石缝隙中的草花石（假化石）；2. 岩石表面裂缝中的模树石

相"，很容易与化石相区别。

例二，外形像某类生物的"化石"，也只是相像而已，并非真正为生物所形成。燧石沉积时，由于硅质不均匀沉淀而呈现的条带，在后期风化或矿染的结果：出现如珊瑚、菊石或蠕虫状的形态。燧石充填于甲壳类洞穴中，形成状似化石的结核，颇像一只人的"脚"。黏土矿物的结核，也很像某种生物的"化石"。

第二类假化石即是并非真正石化了的生物遗体，因为这些生物体往往不是古代的，而是近代或现代被钙化的植物（树枝、树叶、芦苇的根部或枝叶），常见于富钙温泉水的出口处。它们的识别标志是仅有钙化。虽然化石的"石化"也包括钙化，但它们远未达到石化的程度，表层很松软，很容易脱落。最重要的标志是它们不产在岩石组成的地层之中，而是含在松散的沉积物中。

例一，最典型的是贵州兴义马岭河谷所见的"钙化树"：河谷和悬崖上的树枝、树叶常常被"硬化"成"化石"。它们是长期经受高钙质水冲淋而成的钙化了的树枝和树叶。它们最大的特点是，尚为活体植物的一部分，

常常产出假化石的钙质堤堰

树叶表面覆盖着灰白色的"硬壳"，表面可见细小的钙质结晶或沉淀物，剥开钙化层便可见植物的残体。

例二，钙化的植物也很常见，下页图中两件颇有观赏性的造型石常常被误认为化石。

这一类钙化的假化石怎样区别于真正的化石呢？因为在化石中也确有

贵州兴义马岭河岸悬崖上的钙化树（放大图为被钙化了的树叶）

钙化植物：1.钙化的树叶；2.钙化的芦苇（3.其中放大部分）

钙化的化石。区别钙化的"真假李逵"，最主要的是在野外采集时，应判断当时当地的自然环境和地质环境。

有一个特例是公元79年爆发的意大利维苏威火山，将附近的庞贝城和斯塔比伊城埋没于火山灰和火山砾之中。直到十八世纪发掘后发现不少人体化石。虽然时间不过1600多年，但那确实是经过石化了的人体化石。

要特别指出的是，虽然现代钙化的假化石不是化石，但并不否认它们的观赏性，只是观赏的内容、对象和地质意义不同而已。

化石分类

化石分类的方法有比较直观的和相对专业的两种方法。前者可按体量大小或按生物的门类分类；专业化的分类有按形成机制、保存形态分类和按含化石的围岩成分分类。

按体量分类：可分为大型、中型、小型和微型四类

（1）大型化石：体量大或巨大的化石有某些恐龙化石、鱼龙化石，以及粗大的硅化木。它们的体态庞大，长度一般都在几米或十几米，以至数十米。

（2）中型化石：其单体一般为30~100厘米大小，或者是一些大型的群居体。

（3）小型化石：一般为二三十厘米大小的单体，大多以手握为准。这是平常所见化

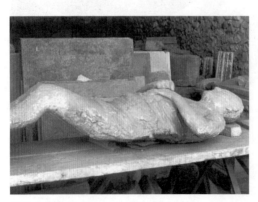

庞贝古城人体化石

石的主要体量类型。

（4）微型化石：是指个体很小，肉眼难以辨别甚至必须靠显微镜、放大镜才能看到的化石。这一类化石除了孢子、花粉、细菌、藻类化石外，还有蟆类、牙形虫和有孔虫之类的微体化石。它们的观赏性不强，但有助于分析生态环境和寻找石油等矿产。

按生物门类分类：按生物门类分也比较直观

生物的分类按以下等级分：界—门—纲—目—科—属—种。动物和植物再各自按动物学和植物学的类别细分。

地史时期的古生物有原生、海绵、古杯、腔肠、蠕虫、苔藓、腕足、软体、节肢、棘皮、半索和脊索等十几个动物门；植物有苔藓、早期维管、石松、节蕨、真蕨、裸子、原裸子、种子、苏铁、银杏、松柏和被子等十多个植物门。这一分类的好处是可以进行地史时期的动植物演化对比，由大的门类对比，精细到各个门类细分的"纲"甚或"目"的生物演

大型化石：1.中国科技馆的恐龙一家，由于这个家伙太庞大了，只好上到三楼往下俯视才能拍到它的"全身像"；2.上海地质博物馆的恐龙；3.新疆硅化木（野外）

134

中型化石：1. 中国地质调查局大厅有两个马达加斯加菊石，直径达 1 米左右；2. 鸮头贝（群体）；3. 动物化石

小型化石：1. 鸮头贝（单体）；2. 小莱采贝；3. 石燕；4. 始海百合（贵州凯里）；5. 狼翅鱼（辽西）；6. 海绵骨针（贵州遵义）

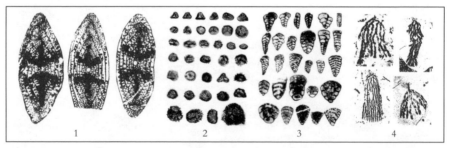

微型化石：1. 蜓科化石（放大约 50 倍）；2. 孢粉化石（放大约 50 倍）；3. 有孔虫化石（放大约 30 倍）；4. 笔石（放大约 30 倍）

化，建立起动植物的演化树，有助于了解地球和生物演化次序和模式。下图是珊瑚内部结构（切片）变化的研究实例。

按形成机制和保存形态分类：化石最常用的分类

通常分为实体化石、模铸化石、遗迹化石、蛋卵化石和遗物化石。

（1）实体化石：又称硬体化石。即保存下来的全部或绝大部分古生物遗体，生物有机体已全部被无机成分所替代（石化）。这一类化石最多见，也最具观赏性。

（2）模铸化石：为古生物遗体在沉积物中，成为内模或外模的形态。即

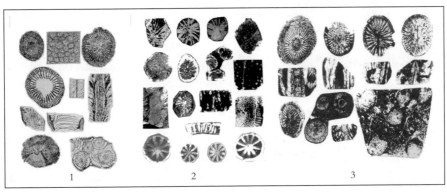

从古生代晚期到中生代早期珊瑚内部结构的演化：1. 石炭纪（3.5亿～2.9亿年）；2. 晚二叠世（2.6亿～2.5亿年）；3. 晚三叠世（2.3亿～2.0亿年）

相关链接

珊瑚是腔肠动物门中的一个纲，它在地球上的生活史可以追溯到距今5亿多年前的古生代，迄今还生活在热带、亚热带的浅海中。我国的珊瑚化石种类十分多样，它的生物学演化与地质发展史有着密切的关联。古生代浅海相地层中的珊瑚化石最具地层学意义，观赏价值也很高。

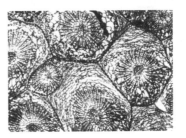

薄片是研究古生物化石的主要方法之一（珊瑚薄片镜下照片）

将化石的岩片磨制成0.03毫米的薄片，在光学显微镜下观察，是研究古生物化石的主要方法之一。

生物遗体在围岩中留下的印模或模核；但有的只留下生物体主要特征的印痕。

（3）遗迹化石：动物在沉积物（或活动基质）底部的表面或内部留下的各种活动痕迹，如爬痕、足迹、巢穴和孔道等。例如，鱼类在水中游动时在底泥中留下鱼尾摆动的印痕、底栖生物的爬痕、恐龙的足印、小虫在树木中挖掘的虫道等。遗迹化石大多见于沉积岩的层理面上，是一种常见的层面构造。

实体化石：1.三叶虫化石；2.拖鞋珊瑚化石；3.硅化木中被玉化的虫化石（徐九胜　藏）

模铸化石：1.菊石的印模；2.植物的印模；3.三叶虫的印模（阴模）；4.王冠虫的印模（阳模）

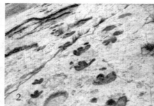

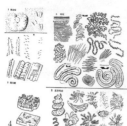

遗迹化石：1.人类足印；2.恐龙足印；3.硅化木中虫道遗迹（徐九胜　藏）；4.底栖生物爬行和巢穴遗迹（素描）；5.底栖生物爬行和巢穴遗迹（化石）

（4）蛋卵化石：即动物的蛋和卵形成的化石。如恐龙蛋、鸵鸟蛋和硅化木中小虫的卵（虫籽）的化石。

（5）遗物化石：指生物体之外的遗留物化石。如恐龙和鱼类的粪便化石、古人类的石器等。

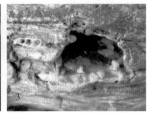

蛋卵化石：1.恐龙蛋；2.鸵鸟蛋，尺寸：长径18厘米，短径16厘米（周易杉 藏）；3.为硅化木中的虫籽（徐九胜 藏）

遗物化石：1.硅化木中的虫屎；2.恐龙粪便（徐九胜 藏）

按石质分类：即按埋藏古生物化石的岩石（围岩）类型分

常见的有灰岩型、白云岩型、泥灰岩型、页岩型、砂岩型、凝灰岩型等。最有可能形成和保存化石的岩石是灰岩、页岩、泥岩、砂岩、粉砂岩和凝灰岩。前五类岩石的沉积环境多属于陆棚的浅海相和湖泊相；因为那里食物丰富，阳光充足，丰富的氧气保证了生物有足够的活力，使之成为生物生存和繁衍的最佳生活区。凝灰岩是火山灰与其他喷发物形成的岩层，特别是当大量（甚至巨量）的火山灰落进湖泊中时，环境的变化和窒息的气氛加速了生物的死亡，迅速埋藏与保存生物的遗骸，为化石的保存提供了十分有利的条件。

左：保存化石的页岩和凝灰岩；右：山东山旺硅藻土页岩及其局部放大

辉木化石（梁成刚 藏）

化石的石质分类不仅为寻找新的化石点提供线索，也有助于分析当时生物所处的生态环境和被埋藏时的地质条件。

了解"相"对于识别化石也很有意义。笔者有过这样一次教训：某石馆展出一方产于砂岩中的珊瑚化石；观察结果，围岩为（中粒）砂岩无疑，珊瑚化石似乎也很像，但珊瑚化石能产于砂岩中吗？请教古生物化石专家一看，便发现实际上不是珊瑚化石，而是植物化石——辉木。原来辉木的一层外皮极似群体珊瑚的切面；它生活在水边，埋藏在砂岩之中是理所当然的，而珊瑚都生活在浅海环境，大多埋藏于灰岩或细砂岩、粉砂岩等岩石中，不大可能掩埋于中粒或粗粒砂岩中。

---相关链接---

"相"是岩石学中一个重要概念，是反映岩石形成时环境的代名词。三大类岩石都可以划分出不同的相。例如沉积岩分为陆相和海相，岩浆岩和变质岩也可以分出许多反映结晶条件和变质环境的"相"，以用来限定某种岩石的形成环境，并能与相同或类似环境的岩石相对比。例如，同样是砂岩，可以是海相中的滨海相或浅海相，也可能生成于陆相的湖泊相或河流相环境。要确定"相"需要做很多地质和地球化学的工作，"相"的确定能帮助分析岩石的形成条件和构造环境。

珍贵的古生物化石

如同矿物晶体类观赏石不同于矿物晶体标本一样，化石类观赏石亦不等同于化石标本：它以自然美为第一要素，融入了丰富的科学美内涵，成为融自然美、科学美与艺术美为一体的天然艺术品。

化石作为观赏石的基本要求是真实性、观赏性和珍稀性。

真实性

化石的真实性应该是首位的，因为它是自然美的科学基础。

化石的真实性包括它自身的"真"和生物种类判别的"真"。前一类"真"是"真假李逵"的判别。后一类的"真"常常因为追逐名利和商业行为而造假。

引起一场丑闻的辽宁古盗鸟"化石"

1999 年的"辽宁古盗鸟"事件被称为"二十世纪震惊世界的科学大骗局"。当年 2 月，以狂热的恐龙标本爱好者著称的斯蒂芬·赛克斯夫妇在美国图森宝石矿物展销会上淘到一件"宝物"：来自中国的"辽宁古盗鸟"标本。在经过好几位恐龙和鸟类专家、权威的"研究"之后，以"发现最原始会飞的恐龙"的结论，登上了著名科学和科普期刊——美国《国家地理》。是年年底，中国学者徐星给美国国家地理协会写了一封信，指出"辽宁古盗鸟"的尾巴正是他们在辽西研究的一块兽脚类小盗龙的一部分；换句话说，所谓"会飞的恐龙"标本是不同动物骨骼拼凑成的人为"物种"。是研究不透彻？是看走了眼？最后证实，早就有人提出过怀疑，只是被名利蒙住了眼的收藏者为名利所累，有点"舍不得"啊。

后来查明，这块伪造标本的始作俑者是一位想"多卖个价钱"的中国农民，一个"钱气"熏天的化石贩子将其走私到美国，以 8 万美元成交，其间一系列的利益链终于造成了这则科学丑闻。

观赏性

作为观赏石的化石当然要突出其观赏性；这就要求既有科学性的"真"，又要在自然美基础上挖掘化石科学美和艺术美的内涵。

具体来说，化石的观赏性体现在它的质地、形态、色泽、构图和意蕴上。

质地

质地是指含化石的岩石的相对坚硬程度。质地坚硬，化石就容易完整保存。它是鉴评化石的首要指标之一。一般来说，灰岩的质地比页岩坚硬，只要暴露在地表的时间不太长，化石保存的程度就好得多；页岩比较容易破碎、碎裂甚至粉碎。但是，恰恰是页岩中保存的化石比较多，因为形成页岩的海水（或湖水）的深度正适合生物大量繁殖，页岩的物质粒度较细，也有助于保存化石。所以能兼顾化石质地和数量的围岩确实不容易。

质地取决于成为化石的古生物遗体被何种物质所交代。以树木化石为例，它可以被碳化、钙化、硅化和玉化。炭化木常常见于火山喷发地区，我国东北的近代火山喷发的火山灰中常出露有炭化木。炭化木谈不上观赏性，但可以通过 ^{14}C 同位素的测量，确定火山喷发的时间。钙化者多见于含钙质高的热泉或喀斯特地区，大多形成的时代比较年轻。硅化木最为常见；有时候硅化木的硅质呈玛瑙的形式出现，玛瑙的花纹为之增添了观赏性。玉化则已经属于变质阶段的产物，一般生物体在变质阶段不大可能成为"化石"，因而玉化木十分难得。从观赏石的角度看，碳质的炭化木和钙质的木化石的质地远不如硅化木，而硅化木又不如树化玉。

1. 天津宝成博物苑所藏的"树化玉王"，长达21米，曾获上海大世界基尼斯之最；2. 硅化木（部分可见钙化）

玛瑙硅化木

玉化木：玉化木经过打磨后无论质地或颜色均为上乘，大大提高了观赏性

形态

化石的形态、体态、保存状态、聚集状况可以总称为"品相"。品相也是鉴赏化石的首要指标之一，形象完好无缺、栩栩如生者最受石界所珍爱。

形态是指古生物遗体的外形，有完整的，也有成为碎片的。一般要求化石个体要完整，外形要优美。如果大部分化石都已成为碎片，其观赏性就大打折扣。有一种生物碎屑灰岩完全由化石的碎片和碎屑组成，可以说已不具化石的观赏性，但切平磨光后还是很有价值的装饰板。

关于化石形态的观赏性我们将在下文详细赏析。

色泽

色泽是指原生动植物和含化石围岩的颜色。色泽越鲜明，围岩与化石颜色的对比度越大越好。可惜大多数化石与围岩的颜色反差都很小，一般很难达到这样的要求。例如右图是一种软体的拟轮盘水母化石，初学者在野外很容易将其"漏网"。

这块微带绿色色调的岩石的中央部位即为拟轮盘水母化石（微带蓝色色调，时代：寒武纪）

构图与意蕴

构图是指单个化石在展示面上的位

置与角度是否恰当，或者多个化石的集合体的排列与组合的关系是否均衡又有所变化；当然还要考虑是单种属还是多种属化石的"聚居"状态。

在生物个体形态栩栩如生或有一定形态的基础上，作为化石观赏石，鉴赏者应该尽可能构思和反映出古生物的生态背景和鲜明的活动迹象，反映生物群体和组合的多样性。不过，这样的要求也不容易达到，在采集标本时就应统筹考虑。

珍稀性

从地球数十亿年的地球历史来看，化石本身就是一种弥足珍贵的自然遗产。

第一，形成化石的条件之苛刻并不亚于矿物晶体。首先，必须在一定生态环境下生活有繁茂的动植物。其次，在它们死亡后必须迅速被埋藏，上覆比较厚实的沉积物，经过一系列的生物化学作用和交代作用使之石化，才能成为化石。据古生物专家研究，由鲜活的生物变成化石的概率是万分之一。然而，更严峻的"考验"还在后头：成为化石之后，地壳依然在活动着，除了变成化石和保存化石所必需的地壳平稳下降作用，还有断裂作用、褶皱作用的破坏，以及岩浆热液、矿液的侵入和交代，特别是大规模的造山作用和变质作用时期，会使已经成型的化石在"炼狱"中毁于一旦：要么被熔融、溶解、切断、扭曲，要么被早早地抬升到地表或地表附近，在日光、风、雨、地下水和地表水的"摧残"下荡然无存。这几番"考验"下来，能够保存并让我们发现的概率又是一个"万分之一"。我们能看到的化石的可能性便成了万万分之一了。

第二，跟现代生物在地球上的分布一样，地质时期的古生物也与（现

相关链接

　　在欣赏化石类观赏石的时候，非专业人员常常忽视了古生物当时生活的地理位置；道理很简单，因为四五亿年前，或者精确一点说两亿五千万年——也就是二叠纪末全球板块运动基本完成之前，这些（现代的）化石点并不在现在的地理位置上。这就是时间和空间的不确定性问题。

在的）化石点所处的地理位置和气候带密切有关，这就是生物的区域分带性。那些本来就弥足珍贵的古生物经过数亿年时间"炼狱"的考验保留至今，又经受时间和空间可变性的考验，更加珍贵了。

上述两点足以说明化石的珍稀性。

古生物化石的赏析

在地球四十五六亿年的历史上，数十个门类的生物遵循着环境的变迁和自然演化法则，演绎着轰轰烈烈的生物发展史：有的只生活了几百万年就灭绝了，有的则进化、繁衍至今，它们的遗体、遗迹和遗物湮没于厚重的历史沉淀之中，在层层的岩石中记录下生物和地球的发展历史。

我们在上面已多次强调化石的科学意义和珍贵价值。其实作为一类观赏石，化石类观赏石还可从生物的个体发育、系统发育、生物进化、生物与环境、化石与人文等方面进行品评与赏析；它的观赏价值是无与伦比的。下面我们试从其个体美、系统发育和生态环境来品赏它。

个体古生物化石的赏析

古生物化石个体的自然美和科学美充分体现在它的形体美、结构美，以及由于石化过程和岩石切割面的巧合而成的巧合美。

形体美

形体美表现在生物于自然进化中演绎出的对称美和螺旋美。

上一章已经充分证实了无机界的矿物所具的对称性，正是这种对称性造就了矿物晶体的自然美；其实自然界包括人类在内的生物也是具有对称性的。

化石的形体美包括形态美和体纹美。

"形态"是指外形，无论是古生代的三叶虫、菊石，还是中生代、新生代和近代、现代的海星、海胆等动物，以及植物的树叶、花草，它们的外

看一看这些生物的外形照片，无论是动物化石还是植物化石，也无论是生活时代的新或老，都具有对称性

化石体表美丽的纹饰

分形理论在蛤和海螂体表纹饰上的表现

形都遵循对称性、螺旋式生长或分形理论的基本规律。

"体纹"是指外壳的表观纹饰和颜色。只不过化石的颜色因为经过石化，大多已无从识辨，但颇具观赏性的纹饰依然清晰可辨。

仔细观察生物介壳上的纹饰变化，发现它们完全符合现代科学分支学科之一的分形理论规律。

应该说，自然界的物质的外部形态、表面图纹和内部结构都是符合自分形理论是非线性科学的一个主要分支学科。它是指一个集合形状可以细分为若干部分，而每一部分都是整体的精确或不精确的相似形。

分形的自然美

分形是一种自然美，它的图形所表达的直观美深受艺术家的青睐。有趣的是自然界的景观形态、山脉分布、海岸线延伸，以及生物的形态和花草的形态所显现的图形，既很美又符合分形理论的原理，成为自然美和科学美兼而有之的典范，甚至在计算机科学中也得到应用，例如电脑中图片的缩放图纹，也是依照分形原则制作的。

然规律和科学规律的，都可以归属于自然美和科学美的范畴：天然形成的山形、水态、石型、土类、树木的长势、昆虫的长相、（介壳）体表的花纹等，都天然地符合分形美和科学美的规则；而具分形美的雕塑、绘画、刺绣等则是科学美与艺术美兼而有之的艺术品。

结构美

事实上，外形的美是内部结构的一种反映。这个道理与天然形成的矿物晶体一样：内部的有规律对称造就了万花筒中的矿物；生物的外形美也取决于它的内部结构。

结构美是指生物在发生、发育和进化的过程中，依照自身发展规律发育起来的内部结构之美。鹦鹉螺内部规整而美丽的结构即是一例。

巧合美

在化石收藏过程中，有两种巧合情况也会展现自然美。第一种是化石与矿物生长在一起，或者化石"包"矿物，或者矿物"包"化石；第二种是由于切割方向的不同，同一类化石自有不同的"造型"。

其实，第一种"巧合"是合乎自然规

鹦鹉螺的内部结构

摆在方解石"底座"上的峨眉螺化石

佛罗里达毛蚶和方解石，是谁正在"吃掉"谁？

律的。化石与矿物共同生长的情况是因为有足够的矿液将生物体石化之后，只要条件允许，就会结晶出矿物：它们的结合是一种自然现象。左图都是化石与矿物的"孪生体"，一个看起来是峨眉螺"摆在"方解石之上，方解石成了峨眉螺的"底座"；另一个是佛罗里达毛蚶被方解石化之后，继续析出的钙质成了毛蚶的"多余"充填物，看起来就像毛蚶化石正在"吞食"方解石。如果还有更多的方解石质热液，峨眉螺和佛罗里达毛蚶将被完全"吞没"。要说"巧"，正是巧到好处，才给我们留下了颇有欣赏价值的两块化石。

第二种与我们在造型石和图纹石中看到的情况完全一样：原岩被冲蚀成不规则的外形（面），显现不同形态和图纹。这符合立体几何中球面、规则曲面或不规则曲面与一个平面相交的规律。

下图是古生代腹足类动物化石的不同切面所显示的巧合美。李龙海先生与他的石友们发现这些化石时正值农历牛年，于是一套"牛年吉祥"的组石油然而生。读者可拿一个与之形态类似的田螺，设想从不同切面去切割它，就能理解这些图形是怎样产生的。

"牛年吉祥"（李龙海　藏）

生物的系统发育赏析

生物在遗传中传承，在适应环境的过程中进化，自地球上生物物种大爆发以来的五亿多年时间里，构成了不同地质时期地层中同一物种系统发育的历史断面。例如，珊瑚、海百合、恐龙、鸟类等的系统发育也会具有观赏价值。上文已经说到，从古生代晚期到中生代早期珊瑚内部结构的演化就是一例。随着资料的积累，通过由低等生物到高等生物的进化树的化石组合赏析，可以得到一份化石版的达尔文生物进化论图册。

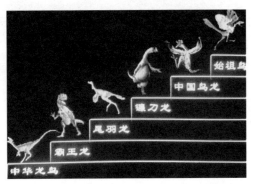

从恐龙到鸟的演化

─相关链接─

自从十九世纪在德国索伦霍芬上侏罗统晚期（距今 1.5 亿年）地层中发现始祖鸟化石以来，古生物学界和生物界都在探索鸟类的起源和演化，其中鸟类的"恐龙起源假说"最受推崇。但一百多年来始终没能在比始祖鸟更早的侏罗系地层中找到与鸟类有亲缘关系的兽脚类恐龙化石。1996 年，我国科学家在辽西及其邻区的热河生物群中发现了大量保存精美的中国鸟龙、中华龙鸟等兽脚类恐龙化石和羽毛化石。2009 年底，在邻区距今 1.6 亿年前的地层中发现了世界上最早的有羽毛的恐龙——赫氏近鸟龙，从而取得了鸟类演化研究的重大突破。

辽西及其邻区的重大发现：1.中华龙鸟；2.中国鸟龙；3.赫氏近鸟龙；4.会飞的恐龙及其复原图

这条 2.2 米长的鱼龙是一条"孕（妇）龙"还是"产（妇）龙"？两条小龙的长度分别为 51 厘米和 33 厘米（杨晓红 藏）

典型的实例还有辽西热河生物群发掘所获知的鸟类发育史：从行走的恐龙到长毛的恐龙，然后是会飞的恐龙，再到在天空自由翱翔的鸟类的演化，可以看到从古生物化石研究中得到的生物演化历程。

关于从化石研究生物的系统发育，在一条贵州上三叠统地层中发现的鱼龙身上也曾有过热议。这条 2.2 米长的鱼龙腹部正好有两条完整的小鱼龙。争论的焦点是这两条小鱼龙是在母体之中还是死亡时正好"压"在母腹的位置？后来更多化石的发现断定了是前一种情况，不由得使人联想起鱼龙的生殖方式：是胎生？卵生？还是卵胎生？这个问题迄今还在探索之中。

生物与生态环境的赏析

从古生物化石的角度研究古生态和古环境是近代古生物学的另一个热点议题；与进化生物学、发育生物学的成果得益于研究方法的进步和大量化石的发现一样，近年来生物与生态环境的研究也有了巨大的进展。

生物生存环境的生态美体现在生物同生共存的对立统一及和谐共处的关系上。即使是生物界的"大鱼吃小鱼"关系，客观上依然是生态自然平衡的一种需要。海洋中浮游生物、底栖生物的分层生活，反映了它们适应生物多样性与环境多样性的和谐之美。

单一生物群体和多种生物群体的群居环境不仅有观赏价值，也能直观地反映当时的生态环境。下页左图是贵州龙的和谐生活写照，右图则是不同种属生物的和谐相处图景。

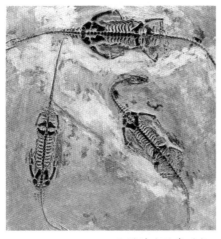

和谐嬉戏的贵州龙

不同种属的生态和谐
（辽西热河生物群）

还有一类生态环境可以通过对化石的分析和推断得到。譬如，根据鱼遗迹化石的分析，可以帮助了解当时的水动力条件和生态环境。

动物蛋卵化石的有序排列，除了满足自身的生育繁衍需要外，也是为了适应环境所采取的一种自我保护措施。目前发现的恐龙蛋大多是一窝多蛋，个别为"双管蛋"，排列的方式有放射状排列，也有杂乱无章；这是否与恐龙的繁衍方式抑或生态环境有关？正引起人们的关注。

恐龙蛋的不同排列方式：1.杂乱状排列的恐龙蛋；2.放射状排列的恐龙蛋

历史沧桑，生命欢歌——古生物化石类观赏石赏析

人文荟萃，天象奇葩
——其他类观赏石赏析

　　五大类观赏石中的其他类观赏石既可以是造型石、图纹石，也可以是矿物晶体或古生物化石，还可以是其他看起来并没有多大观赏性的石头；这就是它们的"特殊"所在。

按照国土资源部颁部观赏石鉴评标准的定义，其他类观赏石是指与自然现象、地质成因或与人文历史（事件）有关的、有特殊纪念意义的石体，以及造型石、图纹石、矿物晶体或古生物化石都涵盖不了的其他有收藏和观赏价值的石体。

可以说，其他类观赏石是在图纹石、造型石、矿物晶体、古生物化石的基础之上，叠加了有自然、人文、历史和社会意义的一大类观赏石，也就是说，它们是科学和文化发展的物证。从审美实践来看，这一类观赏石可以分为事件石、陨石和名石三个小类，本章将分别介绍这三类之石，重点阐明自然事件石的自然美与科学美。

独树一帜的观赏石

其他类观赏石中包括与自然事件有关和与人文事件有关的石头。

事件石是有纪念意义事件的实证，它积淀了丰厚的人文精神。所谓的"纪念"意义，既可以是自然现象，也可以是社会上发生的事件；其外延可以是全人类的，也可以是某一国家、地区或民族的，甚而是某个家族、家庭或个人的。所谓"实证"，是石头本身就是证明，如南极石既表明人类已经有能力涉足冰天雪地的寒冷之"极"——南极，也表明这种深度变质的岩石经历了风霜冰雪侵蚀之后所显现的坚韧风骨，也有着丰富的人文意义。所谓"见证"，是人的精神寄托所予，如结婚纪念石、旅游地的"到此一游"的纪念石等。

事件石可以按事件的种类分为自然事件石、社会事件石和个人事件石。

自然事件石

自然事件石总离不开人们对石头的"真"的科学追求，如与地学有关的各种地学现象所实证的火山弹、地震石、构造石和冰川漂砾等，以及与地外物质有关的月岩、玻璃陨石，与天象有关的雷击石等。

各种各样的火山弹：1.炮弹头形火山弹（山西大同）；2.鸟类形火山弹（腾冲）；3.麻花状火山弹（五大连池）；4.螺蛳状火山弹（内蒙古达来诺尔）

雷击石

社会事件石

　　这是指对社会有纪念意义的石头，如我国登山队队员取自珠穆朗玛峰的二云母花岗岩、建设三峡大坝时钻取的岩芯石、全球地质深井钻的岩石和深海锰结核，以及历届奥林匹克运动会会址的纪念石、人类第一次登月带回的月岩和中国南极探险队找到的第一块月球陨石等。

　　相关链接

　　雷击石也称闪电熔岩，为极近地面的雷击所致：它是山头、湖边、沙漠等雷击区的松散沙粒经雷击后胶结而成的炉渣状岩石，常呈杂乱排列的管状、棍状和树枝状的黑色、深灰色玻璃质的非晶质体。

社会性事件纪念石：1. 珠峰顶上的二云母花岗岩；2. 深井钻岩芯：乌克兰某深井，3800米；后来由于时局变化，这个钻孔终于5000米左右；3. 深海锰结核

相关链接

　　二十世纪七八十年代，在世界地学界探索地球深部地质－地球化学高潮中，美、苏、德等国都在各自的国土范围内开钻数千米以至万余米的深井钻或超深钻。苏联就有十几个深井钻和超深井钻。最终完成了科拉半岛上一个12000余米的超深井钻，目前仍为世界超深井钻之冠。

个人事件石

　　一般是指于个人或家庭、家族有纪念意义的石头，如生辰石、结婚纪念石、家传纪念石等。

石以人扬名

　　名人名石是指与名人生平活动有关的石头。沈钧儒先生生前每到一处有意义的地方，都要拾一块石头作为留念，他的每一块藏石都与他的生活和政治活动相联系。另外，一些经考证曾为历史名人所有的石头也是值得纪念的，如米芾拜石的太湖石，蒲松龄观赏和吟咏过的"聊斋三石"等。

名人名石：1.周恩来藏石；2.沈钧儒藏石；3.郭沫若藏石；4.王朝闻藏石

名人名石与事件石相同之处都在于有纪念的意义，但事件石要与某一特定的事件相关联。名人名石中也会有某些特指的事件石，如地质学家丁道衡先生收藏的白云鄂博铁——稀土矿床最早发现的铁矿石。

名人名石的意义通常偏重于人文方面。至于这些名石的自然属性，大都属于观赏石分类中的其他四类石种；从这些石种的角度，除了鉴赏其自然美，还能从收藏者的题词、赋文鉴赏其艺术美和人文美；在鉴赏一般观赏石的自然美、科学美、艺术美的同时，又平添了包括名人的社会影响力在内的人文美和人格美。

1990年7月，北京展出董必武、沈钧儒、李四光、郭沫若等名人生前的藏石，名人与名石交相辉映，在社会上引起了轰动。

陨石的前生后世

陨石是"天外来客"，是地球之外的物质脱离母体的运行轨道，受地球的引力作用而落于地球上的石体。它是人类认识太阳系乃至宇宙的物质成分和演化历程的珍贵样品。

陨石和它的陨落现象是一种十分重要而有科学意义的自然事件。陨石的收藏、鉴赏和研究有助于提高人类对地球科学文化的认识，有助于提高国民的科学素质，也是中国传统观赏石文化的创新点及与西方观赏石文化交流、融合的接轨点。

陨石往事

　　我国是世界上最早最系统观察和记载陨石的国家。《竹书纪年》中就写道："帝禹夏氏八年六月，雨金于夏邑"。这是说距今4100多年前的公元前2133年大禹时期，就有一颗铁陨石陨落在山西夏县。《春秋左传》第六卷中说："[经]鲁僖公十又六年春壬正月戊申朔，陨石于宋，五。陨星也"，"其处为潭"。这是说公元前645年12月24日有五块陨石落在现今的河南商丘县城北，而且特别指出陨石是"星陨"和陨落时会形成陨石坑。到了战国时期，荀子指出："夫星之坠，木之鸣，是天地之变，阴阳之化，物之罕至者也。怪之可也，畏之非也。"这一段话再明白不过地说明了当时对陨石成因的认识和态度，与科学昌明时代的认识别无二致。

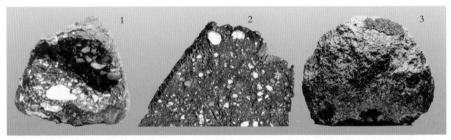

南极发现的火星陨石和月球陨石：1.火星陨石标本；2.为标本切平磨光后的光面，可在显微镜下观察鉴定；3.月球陨石（林杨挺　藏）

相关链接

　　据新华社报道，2010年1月8日中国第26次南极考察队在格罗夫山地区又找到292块陨石，使中国南极陨石收藏突破万块大关！

　　"南极陨石宝库"首先得益于广袤无垠的"冰库"，常年的低温和超低温，使风化作用和生物作用降到最低点。"冰库"里还有一个地域广阔的"接收器"接收来自天外的陨石。存积到一定程度，便"启动"一套独特的陨石富集机制：随冰川流动的陨石受到冰盖下山丘的阻隔，使下面含陨石的冰层"翻"到表面逐渐富集，再通过"漏斗"富集到某一较狭小的地区，使之成为陨石"富矿"。

据分析测算，一年中坠落到地球上的陨石总重量约有21吨，但能够找到的陨石，每年不过一二十块。

南极陨石宝库

地球上的陨石"落的多，捡到的少"的状况随着南极探险的实现而有了重大的改变。南极这个庞大的"冰库"确实是一个陨石的宝库。自1912年澳大利亚探险队找到第一块南极陨石开始，这个"富矿"中已找到3万多块陨石。数量的增加也为陨石新品种的发现创造了条件：从目前找到的南极陨石看，它的类型已涵盖了当前所知50多种陨石类型，诸如月球陨石和火星陨石的新类型，都是通过南极陨石的研究最先得以确认的。不言而喻，南极得天独厚的保存和富集陨石的条件为我们留住了珍贵的天体样品。

陨石一族

陨石按成分和结构分为石陨石、铁陨石和石－铁陨石三大类，各类中又分为若干小类。

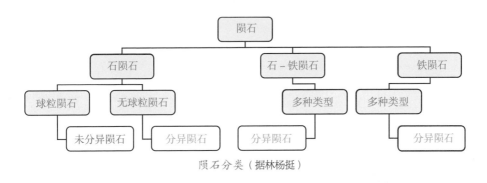

陨石分类（据林杨挺）

石陨石最多见（约占已发现量的96％）。它是"石质"的，也就是与地球上的石头几乎一样，都由硅酸盐矿物（橄榄石、辉石与少量斜长石）和少量金属铁微粒组成。其中的球粒陨石尚可根据特殊的球粒结构与之鉴别，非球粒陨石简直与地球上的玄武岩、纯橄榄岩等类岩石几无二致；这是陨石被误认、误藏的主要原因。

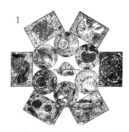

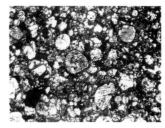

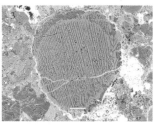

具有球粒结构的普通球粒陨石可以与地球上的岩石相区别：1.吉林陨石球粒结构薄片照片（倪集众素描）；2.普通球粒陨石的球粒结构薄片照片；3.普通球粒陨石的炉条状结构光片照片

　　铁陨石在数量上虽屈居"老二"（占已发现陨石的 3.5% 左右），但其体态、密度和重量就"当仁不让"了。因为它 95% 以上由金属铁－镍矿物组成，仅含少量的碳化物、硫化物和磷化物矿物。铁陨石中的金属铁－镍矿物在显微镜下可以辨别出有铁纹石、镍纹石与陨硫铁等矿物。

　　石－铁陨石最为罕见（占已发现陨石的 0.5%）。它的成分介于上述两类之间，由金属铁－镍矿物和硅酸盐矿物组成，因为稀少而身价倍增，它的商业价值最高。

　　还有一类被称为玻璃陨石的天然物质也颇有成因意义和欣赏价值。玻璃陨石是天然的玻璃物质。早在石器时代，欧洲（中欧）和亚洲（菲律宾和马来西亚等地）的古人类都曾用它制成各种石器。它们的个儿虽然只有几厘米的大小，但形状变化多端，有纽扣状、椭圆状、泪滴状与哑铃状，也有长条状、棒槌状或圆形。颜色从深褐色到黑色，不透明，少数地区发现过绿色和透明的。

　　陨石在地球上的分布是随机的，玻璃陨石则不然，它的分布有自己特定的区域性和时间性，即同一地区内的玻璃陨石的年龄很接近。譬如目前所知的四个玻璃陨石散布区的玻璃陨石年龄分别是：亚澳散布区（亦称远

铁陨石：1.中国最大、世界第三的铁陨石——新疆铁陨石；2.南丹铁陨石

东散布区）约为 70 万年；象牙海岸散布区为 110 万~150 万年；中东欧的莫尔达维散布区为 1400 万~1500 万年；北美散布区的玻璃陨石年龄最大，达 3200 万~3600 万年。

石－铁陨石：肉眼几乎与其他陨石和地球上的岩石无法区分

玻璃陨石的成因众说纷纭。它的化学成分以 SiO_2 为主（48 %~85 %），虽然同一区域内成分十分均一，而各散布区的成分差别很大，既有地球上常见的元素，也有矿物中的气体包裹体，还有陨石中常见的铁－镍金属。这样的化学成分与陨石大相径庭，而恰恰与地球上的砂岩、花岗岩的成分很接近。因此，多数人认为它是受撞击后的地球物质的"变种"：巨大的陨石或彗星（核）撞击地球，熔融了地表的砂岩物质（砂岩或部分酸性岩浆岩），又被溅射到高空，经急速的旋转飞行，熔融物在高空骤然冷却、固化、散落而成。某些散布区附近

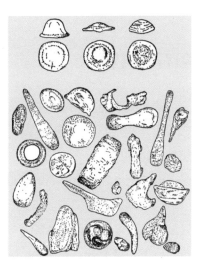
玻璃陨石的形态素描：上面两排为三个代表性样品的纵剖面和横剖面

相关链接

　　已找到的 65 万颗玻璃陨石的分布颇有规律，集中分布于以下四个地区：①亚澳散布区：包括我国的雷州半岛、海南岛、广东、广西和云南，以及印度支那半岛、菲律宾、澳大利亚、印度尼西亚和斯里兰卡等地。除澳大利亚的富钠玻璃陨石年龄为 300 万~400 万年外，其余的年龄均约 70 万年。②象牙海岸散布区：即象牙海岸、加纳及其附近海域，年龄约为 110 多万年。③莫尔达维散布区：在捷克西南部，年龄为 1500 万年左右。④北美散布区：包括美国得克萨斯州、乔治亚州、马萨诸塞州和华盛顿等地。年龄为 3200 万~3600 万年。

的大型陨石坑的存在和模拟实验结果支持上述观点。这一观点尚能被多数人所接受，但还未有最后的定论。故而玻璃陨石未能进入陨石的范畴，而归入其他类观赏石之列。

中国雷州半岛和海南岛一带也有一种玻璃陨石。早在唐代，刘恂的《岭表录异》中就说："雷州骤雨后，人于野中得石如鳖石，谓之雷公墨。扣之铮然，光莹可爱。"所以当地对它的成因有一种很别致的说法："雷公墨"既是在雷电之后，那它就是"雷公"拉的"屎"，故也称"雷公屎"。目前对其成因有三种说法：玻璃陨石、闪电熔岩和火山熔岩，但尚无定论。

陨石的识别

除非亲眼见到陨落的陨石，还真难将它与地球上的岩石相区别：它的形状常常与结核石、火山弹和石泡相混，而颜色更难与地球上的基性岩、超基性岩相区别。可以说，在未经仪器鉴别之前，专家也常有看走眼的时候。以下三点是判断陨石的标准。

（1）陨石表面常有薄薄的一层灰黑色或蓝灰色烟尘组成的"熔壳"，刮开熔壳，石体上可见细密的"气印"，它们是陨石陨落时高温燃烧和巨大冲击留下的特征标志。熔壳和气印是鉴别陨石很重要的物证，不过一般难能看到陨石的熔壳，它们很容易被雨水或冰雪冲洗掉，陨落的时间不长，气印才能保留下来。

（2）化学分析可知陨石中镍（Ni）含量特高，形成铁－镍合金矿物（铁纹石、镍纹石）；而地球上的岩石中几乎找不到这两种矿物。而且陨石中的矿物大多缺水或偏向于还原性，因此很少出现氢氧化物和高价铁（Fe^{3+}）的化合物；而地壳岩石中常见含水的矿物。

（3）显微镜下显示铁陨石中也可见到金属的圆珠。铁陨石中的八面铁陨石，表面经磨平、抛光后，再经稀硝酸和酒精溶液处理，反光显微镜下可看到由铁纹石片晶和镍纹石片晶组成的美丽的网格状图案，有点像城镇民居的航空照片；这种维

2000 年在南极找到的带有熔壳的陨石

斯台登像是铁陨石所特有，不可能出现在地球的岩石中。

当然，以上三种标志需综合来看，例如，能在显微镜下看到有球粒，初步可以认为是球粒陨石，但如果没有发现球粒结构，也不能立即否定，还需做其他各项试验和观察才能下结论。

其他类观赏石的自然美和科学美赏析

特种石的自然美和科学美是指与地质作用或自然现象有关的观赏石美学特征，具体说就是在原岩的形成过程中和观赏石的形成过程中所留下的地质印记。这些印记在本书上文讲述各类观赏石时大多已有涉及，本章作一些归纳。

与成岩作用有关的观赏石

岩石的成岩作用过程无非是沉积作用、岩浆作用和变质作用；它们在地壳的升降运动和水平运动的配合下，分别形成了沉积岩、岩浆岩和变质岩，每一种成岩作用过程都给所形成的岩石打上了深深的"烙印"；这些"烙印"称为岩石的结构和构造。岩石在成为观赏石的过程中，这些"烙印"显得更加突出，显示了观赏石的鉴赏特征，也就成了特种石的意义所在。

沉积作用的"烙印"

沉积岩形成的观赏石常常显示层理、层面、结核、砾状和钟乳状等构造特征；这些特征取决于当时的沉积环境。

层理在观赏石的形成过程中不但影响到它的造型和纹理，还直接决定了观赏石的质地。沉积岩的各种层理都反映了当时地壳活动的状况和沉积环境。如太湖石、灵璧石、乌江石、武陵石的外表都能看到不同的层理。关于层理的作用和观赏意义，有关章节已有不少叙述，这里再补充说明沉积环境对观赏石的鉴赏意义。

笔者试以不同沉积环境下形成的三种观赏石（结核石、菊花石和贵州青）为例说明。

结核石和部分沉积成因的菊花石都是形成于一种还原状态的环境。结核石形成于成岩过程，岩石中的动物、植物遗体等有机物逐渐分解，释放出氨，造成了局部还原环境，使物质重新分配：孔隙水中析出的碳酸钙向某一个"核心"集中，逐渐长大形成了结核，直至氨的停止释放或者成岩过程结束为止。有机质的分解导致较强的还原环境，形成富含黄铁矿（FeS_2）或菱铁矿（$FeCO_3$）的结核。那些"核心"大多是粗粒的岩石碎屑、古生物化石及其残片。如果沉积环境稳定连续下降，或时升时降，便会形成各种规则或不规则的结核，如果受到后期作用的破坏和改造（如矿物被溶解，水分析出，或者矿物脱水等），就会形成铁钉石、龟纹石或响石。

沉积成因的菊花石则大多形成于闭塞—半闭塞的浅海海湾，这也是一种富含硫化氢的强还原环境。它与结核石成因的共同点是均属于还原环境，不过，结核石形成于成岩过程，菊花石则是在沉积过程中由于局部流水不畅，积聚了较多有机质和沥青质；这种严重缺氧的还原环境使生物窒息而死亡。与此同时，沉积物中富集了大量的锶（Sr）元素。它分别与硫酸根、碳酸根在成岩过程中结合生成天青石（$SrSO_4$）或菱锶矿（$SrCO_3$）：在成岩作用时，这两种矿物以岩石碎屑、化石或其碎片为核心，形成了放射状、花瓣状的晶簇，于是就有了以化石为花蕊的菊花石。只不过这些"花瓣"的化学性质不稳定，常常被方解石（$CaCO_3$）或白云石（$MgCO_3$）所交代，它们借天青石和菱锶矿的晶形，生成了菊花石。这种假象晶形只是保留了天青石和菱锶矿的放射状、花瓣状晶簇的外形，实际的化学成分已被钙－镁碳酸盐所取代。

出产于贵州天柱县的贵州青是清水江中的水冲石，它以深绿、深灰色为主调的"青色"、多变的造型和石面多种纹理的特点驰名石界。一个石种能同时具备形、质、色、纹的变化是十分难得的。为什么

1. 以化石为"花蕊"的菊花石；2. 菊花石与珊瑚化石共存亡（据张家志）

真与美的结晶

雅俗共赏的赏石文化

162

形、质、色、纹兼备的贵州青

贵州青能有这样的特点？原来它的原岩是一种元古代地质时期的浊流沉积岩。浊流沉积物在复杂的水动力条件下具有物质成分混杂、粒度细小和岩石结构构造紧密而多样的特点，因而为后期形成观赏石多样的造型、致密的质地、变化的颜色和多种的纹理提供了物质基础。

岩浆作用的"烙印"

岩浆岩和火山岩形成的观赏石的赏析特征很多也反映在原岩的结构和构造上，譬如深成岩的层状构造、浅成岩的斑状结构和辉绿结构等。火山喷发更是留下了喷发的痕迹，如熔岩中的流动构造、火山岩中的石泡构造等。

岩浆岩中的不同构造结构都可能影响观赏石表面纹理的形成：1. 斑状结构形成的"繁花似锦"的图像，尺寸：20厘米×9厘米×13厘米（薛江南 藏）；2. 显微镜下的斑状结构（薄片）；3. 梨皮石；4. 显微镜下的辉绿结构（薄片）

1. 五大连池的熔岩；2. 绳状熔岩流。岩石上能看到黏稠的岩浆流动时留下的流纹和漩涡

火山岩中的石泡构造形成的观赏石：1. 野外看到的石泡（摄于雁荡山）；2. 石泡形成的观赏石，古壶，21厘米×25厘米×20厘米（周力强 藏）；3. "天外来客"，56厘米×37厘米×46厘米（黄力量 藏）

变质作用的"烙印"

能够指示原岩的变质岩鉴赏特征的"烙印"更多。由于变质作用类型与变质程度的不同，既可能留下了原来岩石的某些结构、构造，也会产生许多新的结构和构造。如乳源彩石、大化石、彩陶石的原岩是接触变质岩，变质的程度不很深，普遍留有原岩沉积岩的层理构造，又由于原岩成分和变质程度的差异，使彩陶石出现葫芦石、鸳鸯石等石种。像长江石、黄河石这样一些上源有多种原岩的观赏石，就会有很多很复杂的造型、图纹和颜色。

乳源彩石

大化石显示的残余层理

此外，变质岩中常见的片状构造、片麻状构造、条带状构造、揉皱构造和香肠状构造，以及变质过程中物质成分变化所引起颜色的改变，都能对观赏石的质地、造型、颜色和纹理有所贡献，在形、质、色、纹的某一方面，或者使观赏石的鉴赏标准得到全面提高；下图1~4以变质岩为原岩的观赏石就代表了原岩矿物成分、化学成分和结构构造的改变对提高观赏石质量的贡献。

变质岩原岩的变化对后期形成的观赏石的形、质、色、纹都有重大影响：1. 质地和图纹俱佳的黄河石；2. 香肠状构造形成的图纹石；3. 颜色鲜艳的金沙彩；4. 揉皱构造形成的图纹石

与生物作用有关的特种石

生物成岩作用与成矿作用在形成观赏石的过程中虽然不多见，但也不是绝无仅有，经常在煤系地层和结核石中出现的莓状黄铁矿就是还原环境下生物成矿作用的产物。

生物成矿作用形成的莓状黄铁矿：1. "小花屏风"；2. "图标"

与构造运动有关的特种石

在岩石成岩的过程中或成岩之后，岩石还会受到构造作用的影响：主要是构造应力和热能的作用。地球内部应力的释放主要表现为板块的水平运动和地壳的垂直运动，造成了地壳大面积的构造运动，使沉积岩组成的地层和岩浆岩构成的岩体发生褶皱和断裂，生成大量大大小小的断裂、裂缝、裂隙、错动、节理和褶皱，以

构造运动造成的微裂隙经矿脉充填和破碎岩石重新胶结形成的观赏石：1. 南田石（林同斌 藏）；2. 碎裂状构造形成的图纹石

165

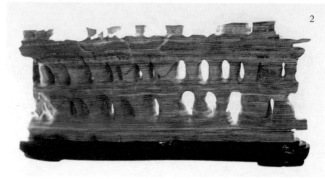

在构造运动生成节理和裂隙的基础上，后期的风化作用促进形成的观赏石：1.风化作用使节理破碎，脱落形成的观赏石；2.在静压力和X形裂隙的基础上差异风化形成的武陵石

及后期沿这些裂开和错动所充填的岩脉（或矿脉），这个构造运动过程及以后的风化作用过程，促进了岩石的"损坏"，形成了多种多样的观赏石。

与风化作用和次生作用有关的特种石

风化作用在观赏石形成过程中无疑起着很重要的作用。例如，戈壁、沙漠地区常见的三棱石和戈壁石，干燥气候条件下的泥裂构造，冰川地区的冰碛石，南极极端环境下形成的南极石、风砺石等。

风化作用不但改造了原岩的外形，还会产生一些新的次生构造，甚至形成新的产物，改变了原岩的颜色。戈壁和沙漠地区的戈壁石和戈壁玛瑙都是在沙漠环境中经风沙吹蚀、刻蚀和磨砺作用而生成的。七彩石和沙漠漆是在不同气候条件下形成新的物质沉淀，加上光的干涉作用，成为以颜色为特色的观赏石。

戈壁滩上风的作用形成的三棱石：从哪个结点看都有向三个方向的棱（倪集众　藏）

水的作用对观赏石的形成是不言而喻的，可以在水冲石中找到很多这样的例子。其实地下水在太湖石和灵璧石之类观赏石的形成过程中也是起了很大作用的。不过一般只考虑水对观赏石外形（造型）的作用，思路还应该更广一些；就有人认为灵璧石的一部分纹理可能就是数亿年的地下水及其所携带的细沙、粉砂磨砺

和冲刷所致。

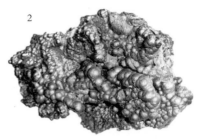

除了以上这些地质作用过程在观赏石中留下了"烙印"，蒸发作用、渗透作用形成的沙漠玫瑰和模树石也可以作为特种石的实例。

1. 七彩石是潮湿气候中铁被氧化成褐铁矿，由于表面一层薄膜的光干涉作用生成七彩颜色；2. 沙漠漆是沙漠环境中致色元素沉淀所致

从以上实例可以明显看出，在欣赏造型石、图纹石自然美的同时，如果进一步探究它们形、质、色、纹的起因，能使我们获得更深刻的"真"与"美"的感悟。观赏石的科学美是与自然美和艺术美同生同在的，"真"与"美"是相容相济的。这正是我们在探讨石文化的特质之后，觉得自然界还有一类内涵别有兴味，更能体现自然美、科学美和艺术美为一体的石文化——雅俗共赏、老少咸宜的赏石文化，决定编撰这本《真与美的结晶》的初衷。

干旱地区特有的观赏石——沙漠玫瑰